Donato Muro

Alexander Klein

Praxisbuch für Brandschutzbeauftragte & helfer

Grundlagen mit betrieblichen Brandgefährdungen

Bibliografische Information der Deutschen Nationalbibliothek:
Die Deutsche Nationalbibliothek verzeichnet diese Publikation in der Deutschen Nationalbibliografie; detaillierte bibliografische Daten sind im Internet über http://dnb.dnb.de abrufbar.

Weitere Mitwirkende: Alexander Klein

Titel: **Praxisbuch für Brandschutzbeauftragte & Helfer**

Untertitel: **Grundlagen mit betrieblichen Brandgefährdungen**

Auflage-Nr.: **1**

Autoren: **Donato Muro & Alexander Klein**

Layout: **Donato Muro & Alexander Klein**

ISBN: **978-3-96518-105-2 Hardcover**
978-3-96518-106-9 Paperback
978-3-96518-107-6 eBook

Verlag: Independent-Verlag Marc Latza
www.independentverlaglatza.de

Herstellung: **tredition GmbH**
Halenreie 40-44
22359 Hamburg

Herausgeber: **Sicherheitsingenieur.NRW**

Donato Muro studierte an mehreren deutschen Hochschulen. Er ist Naturwissenschaftler, Ingenieur und Jurist. Arbeitsschutz ist für ihn mehr Berufung als Arbeit. Er hat es sich zur Aufgabe gemacht, die Gesundheit von Arbeitnehmern zu verbessern und Arbeitsunfälle zu vermeiden. Dabei möchte er den Arbeitsschutz so einfach und verständlich wie möglich vermitteln, um rechtssicheres Handeln auf Seiten der Arbeitnehmer und Arbeitgeber zu fördern.

Alexander Klein ist seit 2006 bei der Berufsfeuerwehr tätig. Er ist Gruppenführer, Praxisanleiter, Notfallsanitäter, Sicherheitsbeauftragter, Brandschutzbeauftragter und war von 2015 bis 2022 selbstständiger Dozent der Erste Hilfe nach BG Richtlinie.

Nach seiner Dozententätigkeit ist er nun Gesellschafter der Firma Erste Hilfe & Brandschutzausbildung Klein UG (haftungsbeschränkt).

Herr Klein legt seinen Schwerpunkt auf die Prävention in all seinen Bereichen. Daher lautet sein Motto: „**Safety First**".

Tabellenverzeichnis

Inhaltsverzeichnis

Inhaltsverzeichnis

1. Vorwort

Die Zahl der Unfälle am Arbeitsplatz, welche auf einen Brand oder eine Explosion zurückzuführen sind, ist hierzulande nach wie vor beträchtlich und liegt pro Jahr bei über 3.000. Wenn man bedenkt, dass ein durch Brand oder Explosion verursachter Unfall nicht bloß Menschenleben gefährdet, sondern auch die Existenz eines Betriebes – immerhin müssen rund 50% aller Betriebe anschließend Insolvenz anmelden -, dann liegt der Sinn von Maßnahmen zur Verhütung von Arbeitsunfällen und Sachschäden auf der Hand.

Fakt ist: Der Umgang mit Gefahrstoffen, vor allem mit entzündlichen Stoffen und Materialien, ist stets mit Risiken verbunden. Eine unsachgemäße Anwendung, Unwissenheit über die mit dem jeweiligen Gefahrstoff verbundenen Risiken sowie die fehlende Unterweisung der Beschäftigten bilden die Hauptursachen für Unfälle.
Ein vorbeugender und abwehrender betrieblicher Brandschutz ist aus diesen Gründen unbedingt erforderlich. Jedes Unternehmen ist demnach schon aus eigenen Interessen in der Pflicht, für Vorkehrungen und Schutz gegen Brand- und Explosionsschäden in Form von organisatorischen wie auch technischen Maßnahmen zu sorgen.
Im Folgenden wird auf diese Maßnahmen ausführlicher eingegangen – von den Ursachen eines Brandes und die Gefährdungen, über bauliche, technische und betriebliche Brandschutzmaßnahmen bis hin zum richtigen Verhalten im Falle eines Brandes.

Hinweis: Aus Gründen der besseren Lesbarkeit wird im Folgenden auf die gleichzeitige Verwendung weiblicher und männlicher Sprachformen verzichtet und das generische Maskulinum verwendet. Dennoch beziehen sich die Angaben selbstverständlich auf Angehörige aller Geschlechter.

Beim Kauf dieses Buches erhalten Sie einen vergünstigten Zugang zum „Online Lehrgang: Brandschutzbeauftragter DGUV Information 205-003". Im Rahmen dieses Lehrgangs können Sie die Ausbildung zum Brandschutzbeauftragten (BSB) online durchführen und anschließend Ihre Tätigkeit als solcher beginnen. Besuchen Sie hierzu unsere Homepage „www.sicherheitsingenieur.nrw" und navigieren Sie über den Menüpunkt „Akademie" zu unserer „Online Akademie". Hier können Sie die Online Ausbildung zum BSB nach Eingabe des Gutschein-Codes zu einem vergünstigten Preis von nur 550 € (zzgl. Mehrwertsteuer) absolvieren.

Gutschein-Code: **BSBBUCH2022***

Zusätzliche Downloads auf der Homepage:

- Betriebsanweisung Feuerlöschübungsgerät
- Betriebsanweisung Kontrolle von Feuerlöschgeräten
- Checkliste Brandschutz
- Gefährdungsbeurteilung Brandschutz
- Gefährdungsbeurteilung Berufsfeuerwehrmann
- Gefährdungsbeurteilung Brandschutzsachverständiger

Diese finden Sie auf o.g. Homepage unter „Downloads" mit dem Passwort: „BSBBUCH2022*".

2. Welche Gefahren entstehen durch Brände?

Bei Rauch handelt es sich um ein Gemisch aus Dampf, Abgas und Staub, welcher bei einer kontrollierten Verbrennung abgeleitet und auch gereinigt wird.

Handelt es sich jedoch um unkontrollierte Verbrennungsvorgänge, enthält der Rauch durch die hierbei entstehenden Brandgase zahlreiche Schadstoffe, vor allem Kohlenmonoxid CO, Cyanid CN^-/ Cyanwasserstoff HCN und Kohlendioxid CO_2, Gase, die allesamt **toxisch** sind, d.h. gesundheitsgefährdend. Opfer eines Brandes sind in 75% der Fälle Rauchgasopfer. Verbrennen beispielsweise ca. 100g Kunststoffe in einem 80 m^2 großem Raum, genügen diese, um eine gesundheitsgefährdende Atmosphäre herzustellen.

Kohlendioxid hat die Eigenschaft, Sauerstoff zu verdrängen und ist zudem schwerer als Luft, sodass es sich am Boden sammelt. Kohlenmonoxid verhindert den Sauerstofftransport im Blut, Cyanid wiederum wirkt als Blocker der Sauerstoffverwertung in den Zellen. Es droht der Tod durch „inneres Ersticken". Dabei ist die Wirkung von Cyanid in Rauchgas 20-mal giftiger als Kohlenmonoxid und führt nach fünf bis acht Minuten zum Tod.

Auch Reizgase, die im Brandrauch enthalten sind, sind gefährlich und schädigen die Lunge und die Haut, beeinträchtigen die Atmung und behindern die Sicht. Zu diesen zählen Stickoxide NO_x, Ammoniak NH_3 oder auch Formaldehyd CH_2O.

Im Falle eines Brandes ist folglich grundsätzlich davon auszugehen, dass gesundheitsschädliche Atemgifte freigesetzt werden, sodass der Kontakt mit Rauchgas unbedingt vermieden werden muss. Sämtliche Möglichkeiten zur Lüftung für Rettungswege sollten dabei genutzt werden.

Abbildung 1: Löschmaßnahmen mit starker Rauchentwicklung

Gesundheitsgefährdungen entstehen im Falle eines Brandes allerdings auch durch sogenannte **mechanische und thermische Faktoren**.

Bei den **thermischen Faktoren** spielt die Wärmestrahlung, die bei der Verbrennung freigesetzt wird, eine entscheidende Rolle. Sie kann zu erheblichen Verletzungen oder auch zum Tod führen. Die heiße Luft schädigt die Atemwege und es kann zum sogenannten

Inhalationstrauma kommen, bei dem vor allem der Rachen- und Nasenraum angegriffen wird. Es droht die Gefahr zu ersticken. Überdies werden durch die Wärmestrahlung Haut und Schleimhäute der Betroffenen angegriffen.

Bei einer Verbrennung **ersten Grades** wird die Epidermis vorübergehend geschädigt. Hier kommt es zu schmerzhaften Rötungen mit anschließender spontaner Hautregeneration ohne Narbenbildung. Gelegentlich treten leichte Schwellungen auf.

Eine Verbrennung **zweiten Grades** ist durch eine ausgeprägte Rötung, starke Schmerzen und Blasenbildung auf der Haut gekennzeichnet. Es entstehen rotweiße Brandblasen, allerdings kann es auch hier zu einer spontanen Hautschichterneuerung ohne Folgeschäden kommen. Bei einer stärkeren Verbrennung zweiten Grades ist jedoch ein umfangreicher Verlust des Coriums möglich. Es finden sich Reste der Hautanhangsgebilde im tiefen Bereich. Hier stellt sich der Wundgrund eher weißlich dar. Eine Abheilung der tieferen Verbrennung dauert deutlich länger, weiterhin treten vielfach Narbenbildungen und Infektionen auf.

Bei der Verbrennung **dritten Grades** kommt es zu schwarzweißen Brandblasen und Nekrosen; zusätzlich werden aufgrund der Schwere der Verbrennung die Nerven geschädigt, so dass keine Schmerzen auftreten. Der verursachte gesundheitliche Schaden ist, im Gegensatz zu Verletzungen bei Verbrennungen ersten und zweiten Grades, nicht mehr umkehrbar.

Sind bei einer Verbrennung zweiten oder dritten Grades mehr als zehn Prozent der Körperfläche (fünf Prozent bei Kindern) verbrannt, droht ein Kreislaufschock infolge der Schwächung des Immunsystems.

Eine Verbrennung **vierten Grades** stellt eine Verkohlung im betroffenen Gebiet dar. Sämtliche Gewebestrukturen sind zerstört. Auch hier ist der gesundheitliche Schaden unumkehrbar. Daneben können Entzündungen bis hin zur Blutvergiftung auftreten.

Hingegen zählen zu den **mechanischen Gefährdungen** im Zusammenhang mit Bränden die unkontrollierte Bewegung von Objekten, etwa Trümmerteile, die infolge einer Explosion herumfliegen. Auch der Einsturz des Gebäudes oder Teilen dieses stellt eine solche Gefahr dar.

3. Die Verbrennung

Als „Verbrennung" wird ein Vorgang bezeichnet, bei dem ein brennbarer Stoff mit Sauerstoff unter Abgabe von Wärme chemisch reagiert (Oxydation). Die an dieser Reaktion beteiligten Faktoren, nämlich der brennbare Stoff, Sauerstoff und eine Zündquelle, werden im Folgenden kurz erläutert.

Brennbare Stoffe gibt es in flüssiger, fester oder auch gasförmiger Form, dazu gehören auch Dämpfe, Staub oder Nebel. Die Brennbarkeit eines Stoffes hängt von seinen physikalischen und chemischen Eigenschaften ab, sowie davon, ob er fest, flüssig oder gasförmig ist. Weiterhin wird sie von der Umgebung beeinflusst. Das Brandverhalten eines Stoffes ist überdies abhängig u.a. von der Geschwindigkeit der Verbrennung, dem Flammpunkt und der Zündtemperatur als den sogenannten Kenngrößen.

Als **Zündtemperatur** wird die niedrigste Temperatur bezeichnet, bei der ein Stoff sich selbst entzünden kann, d.h. ohne, dass eine separate Zündquelle beteiligt ist.

Die sogenannte **Mindestzündtemperatur** ist die niedrigste Temperatur einer heißen Oberfläche, bei der sich ein Staubgemisch oder Gasgemisch mit Luft entzündet.

Als **Glimmtemperatur** wiederum wird die Mindestzündtemperatur für eine Staubschicht mit einer Dicke von fünf Millimetern bezeichnet.

Beim **Flammpunkt** handelt es sich um die niedrigste Temperatur einer brennbaren Flüssigkeit, bei der sich Dämpfe in einer Menge bilden, so dass sie durch eine Zündquelle in Brand gesetzt werden können.

Die Geschwindigkeit, mit der ein Stoff verbrennt und sich die Flammen ausbreiten, mithin die sogenannte

Verbrennungsgeschwindigkeit, ist abhängig vom Stoff und seiner Brennbarkeit, seiner Oberflächengröße und Temperatur sowie seiner Umgebung und nicht zuletzt seines Sauerstoffangebotes.

Sauerstoff O_2, ein geruch- und farbloses, ungiftiges und unbrennbares Gas. Es fördert den Verbrennungsvorgang, bei dem der jeweilige Stoff mit dem Sauerstoff reagiert. Auch wenn der Sauerstoffgehalt sich nur minimal erhöht, beschleunigt dies die Geschwindigkeit der Verbrennung erheblich.

Zündquellen gibt es vielerlei, etwa Flammen oder Glut (z.B. Streichholz, Schneidbrenner, Zigarette), Wärme, entstanden durch Reibung oder Kompression, Funken durch Reibung (z.B. Schmirgeln und Schleifen von Metallen) heiße Oberflächen (z.B. Glühlampen, Heißluftgebläse), chemische Energie (z.B. Putzlappen mit Öl oder Fett) oder chemische Reaktionen (z.B. Vermischung von Oxidationsmitteln mit dem brennbaren Stoff) wie auch biologische Reaktionen (z.B. durch Wärmeabgabe als Folge biologischer Zersetzung, etwa Brand von Heuballen oder auch, wenn Getreideerzeugnisse zu feucht eingelagert werden).

Weitere Begriffsklärungen

Verbrennungswärme: Diejenige Energie bezeichnet, die bei der Verbrennung eines Stoffes freigesetzt wird. Der Wärmezustand eines Stoffes wird in Temperatur angegeben. Ist ein Stoff bis auf die Zündtemperatur erwärmt, brennt er.

Fremdzündung: Hier liegen äußere Ursachen (Zündquelle) für eine Verbrennung vor.

Selbstentzündung: Die Wärme kommt von innen, und zwar durch eine Reaktion des Brennstoffs mit Sauerstoff.

Wärmestau: Einem Stoff/ Stoffgemisch wird mehr Wärme zugeführt als abgeführt werden kann.

Explosion: Infolge einer hohen Geschwindigkeit der Flammen- und Verbrennungsausbreitung kommt es zu einer Ausdehnung der heißen Verbrennungsgase mit Druckentwicklung. Hinsichtlich einer Explosion gilt es zu unterscheiden zwischen der Verpuffung (Druckanstieg kleiner als 1 bar), also einer eher schwachen Explosion, der **Deflagration**, bei der sich Flammfront und Druckwelle mit Unterschallgeschwindigkeit ausbreiten (Druckanstieg bis ca. 10 bar), und der Detonation, bei der die Ausbreitungsgeschwindigkeit um ein Vielfaches höher als die Schallgeschwindigkeit liegt (Druckanstieg von 10 bar bis 1000 bar).

Staubexplosionen: Staubkörner weisen eine geringe Partikelgröße auf, dadurch ist die Oberfläche der Staubwolke extrem groß. Ein brennbarer Stoff kann sich gegebenenfalls selbst entzünden und infolgedessen mit dem Luft-Sauerstoff reagieren. Das Staub-Luft-Gemisch dehnt sich durch die entstehende Wärme sehr schnell aus: es explodiert.

Es gilt übrigens zu unterscheiden zwischen der **Zünd- und der Verbrennungstemperatur**. Letztere ist abhängig von der Verbrennungsgeschwindigkeit und der Wärmeenergie des Brennstoffs. Holz beispielsweise brennt mit höchstens 1.300 Grad Celsius, Magnesium mit bis zu 3.000 °C.

4. Brandrauch und -gase

Anders als vielfach angenommen, sterben Brandopfer nicht etwa an der Einwirkung der Flammen, sondern an den Folgen einer **Rauchgasvergiftung**: Der Brandrauch schränkt die Atmung ganz erheblich ein, und schon wenige Atemzüge können so zur Bewusstlosigkeit oder auch zum Tode führen.

Als „**Brandrauch**" wird ein Gemisch aus einer Vielzahl von Feststoffen, Dämpfen, Gasen, und Aerosolen bezeichnet. Dieses Gemisch wird gebildet, indem die Thermik des Brandes im Brandgas unverbrannte oder auch nur teilweise verbrannte Stoffteilchen, Flüssigkeitströpfchen, Asche und Ruß bindet.

Bei der Rauchgasentwicklung können nicht bloß Kohlendioxid und -monoxid entstehen, sondern auch sogenannte Pyrolyse- und Destillationsprodukte, wie Flugasche, Holzkohle, ätzende, giftige oder mindestens reizende Gase, z.B. Ammoniak oder Schwefelwasserstoff H_2S.

Kohlenmonoxid, ein geruchs- und geschmackloses unsichtbares Gas, entsteht bei einer unvollkommenen Verbrennung von organischen Stoffen. Durch das Kohlenmonoxid kann der Luftsauerstoff bei der Atmung nicht aufgenommen werden, welches selbst bei geringer Konzentration zum Tode führt.

Die Ursachen für einen Brand in Arbeitsstätten sind ganz unterschiedlich: Brände können beispielsweise entstehen, weil der Umgang mit Stoffen, Gemischen oder Arbeitsmitteln nicht sachgemäß erfolgt oder die Beschäftigten sich der Gefahr beim Umgang mit Zündquellen nicht im Klaren sind, z.B. infolge fehlender Unterweisung. Auch durch mangelhafte oder überlastete elektrische Anlagen können Brände verursacht werden. Ferner sind Überhitzung oder Selbstentzündung von Stoffen und Materialien mögliche Ursachen, zum Beispiel überall dort, wo Lacke, Öle etc. in Kontakt mit Textilien, Fasern oder Papier kommen.

Fehlerhafter Umgang mit Elektrizität: hier geht es um die von Mitarbeitern mitgebrachten Elektrogeräte (Wasserkocher, Kaffeemaschine etc.), die mitunter mangelhaft sind oder nach Feierabend nicht ausgesteckt werden, oder Mehrfachsteckdosen, die ineinandergesteckt werden, private Handys, beschädigte Kabel. Die sogenannte E-Check Elektroprüfung nach DGUV Vorschrift 3 muss in einigen Fällen auch bei privaten Geräten erfolgen. So sollten private elektrische Geräte, welche mit in die Arbeitsstätte geführt werden ebenfalls in Bezug auf die Arbeitssicherheit geprüft werden. **Fakt ist: Brandgefahren lauern überall.**

Feuergefährliche Arbeiten: Schweiß- und Brennschneidearbeiten, bei denen sich u.a. glühende Partikel ausbreiten, gehören zu den typischen Ursachen für einen betrieblichen Brand.

Menschliches Fehlverhalten: Rauchen am Arbeitsplatz bildet eine häufige Brandursache im Betrieb. Hierzulande gilt, dass unmittelbar am Arbeitsplatz nicht geraucht werden darf, da gemäß des Nichtraucherschutzes andere Arbeitnehmer ein Recht auf einen rauchfreien Arbeitsplatz haben. Sind brennbare Stoffe (brennbare

Lösungsmittel, Benzindämpfe oder auch Holz und Kunststoffe) im Arbeitsbereich vorhanden, besteht zusätzlich Brandgefahr.

Der Arbeitgeber kann das Rauchen auch auf dem gesamten Betriebsgelände verbieten. Bei Lagern, die frei zugänglich sind, reicht mitunter eine achtlos weggeworfene Zigarette, um einen Brand entstehen zu lassen.

Materialüberhitzung: Kann entstehende Wärme nicht ausreichend abgeführt werden, besteht die Gefahr, dass sich Materialien so weit erhitzen, dass sie zu brennen beginnen. Ein fehlender Sicherheitsabstand zu brennbarem Material z.B. zu Feststoffbrennanlagen oder Ölheizungen, stellt eine echte Gefahrenquelle dar.

Brandstiftung: Natürlich kann ein Brand auch durch Brandstiftung entstehen. Diese Ursache ist sogar im Lagerbereich sogar überdurchschnittlich häufig! Bei frei zugänglichen Lagern oder Laderampen, wo Europaletten, Verpackungsmaterial etc. gelagert werden, genügt oftmals schon ein Streichholz oder ein Feuerzeug, um einen Brand auszulösen. Hier sind viele Beispiele denkbar, etwa unfreiwillig durch Leichtsinn im Umgang mit Feuerzeugen und brennbaren Materialien, die absichtliche Brandstiftung um einen Schaden zu verursachen oder die bloße Unachtsamkeit von Mitarbeitern.

Transport: Wer hierzulande Gefahrgut im öffentlichen Bereich transportieren will, muss über eine spezielle Schulungsbescheinigung nach Kapitel 8.2 des ADR verfügen. Überdies gilt die GGVSEB („Verordnung über die innerstaatliche und grenzüberschreitende Beförderung gefährlicher Güter auf der Straße, mit Eisenbahnen und auf Binnengewässern") mit den Anlagen 1 und 2 in Verbindung mit den Anlagen A und B des ADR („Übereinkommen über die interanationale Beförderung gefährlicher Güter auf der Straße").

Hierbei gibt es jedoch Ausnahmen, etwa beim Transport von begrenzten Mengen, von Gefahrgut in freigestellten Mengen oder auch dann, wenn je Beförderungseinheit bei Stückguttransport bestimmte Freimengen nicht überschritten werden. In diesen Fällen genügt eine sogenannte „Unterweisung" gemäß Kapitel 1.3 des ADR.

Stichwort „Reinigung": Tanks und Silos müssen regelmäßig gereinigt werden. Ein Tank muss inertisiert werden, das bedeutet, Sauerstoff, der zur Verbrennung nötig ist, wird durch innerhalb des Tanks durch das Inertgas Stickstoff ersetzt. Dieses hat eine erstickende Wirkung und verhindert somit die Entstehung eines Brandes. Im Silozug erfolgt eine Füllung des Freiraums mit Stickstoff. Denken Sie bitte hier an Ihre Sicherheit, führen Sie Messungen durch und tragen Sie in diesen Bereichen die vorgeschriebenen persönlichen Schutzausrüstungen.

6. Brandschutzkonzept vs. -nachweis

Die drei Begriffe Brandschutznachweis, Brandschutzkonzept und Brandschutzplan sind zwar miteinander verwandt, jedoch sind sie nicht identisch. Obwohl sie oftmals synonym verwendet werden, umschreiben sie unterschiedliche Kriterien, wenn es um genehmigungspflichtige Bauvorhaben geht. Brandschutzkonzepte umfassen die vollständige Brandschutzplanung für ein Gebäude. In Brandschutznachweisen sind sämtliche Details der benötigen Brandschutzmaßnahmen aufgelistet. Dies erfolgt entweder als Visualisierung (in Form eines Brandschutzplanes) und/ oder als Übersicht. Bei einem Brandschutzplan handelt es sich um einen Grundrissplan mit allen ausgewiesenen brandschutzrelevanten Parametern wie Fluchtwegen, Standorten von Feuerlöschern, Brandschutztüren, Brandwände, Feuerwehrzufahrten etc.

Sobald jemand eine Genehmigung zur Errichtung, Umnutzung und/ oder Umbau für ein Bauobjekt beantragt, ist dieser auch dazu verpflichtet, ein detailliertes Brandschutzkonzept vorzulegen. Dieses Konzept beinhaltet alle relevanten Maßnahmen, die im Kontext des Feuerschutzwesens stehen. Das sind u. a.:

- Technische, bauliche und organisatorische Maßnahmen zur Gefahrenabwehr.
- Optionen für eine effektive Bekämpfung eines Brandes durch die Feuerwehr.

Ausschlaggebend für die Einführung genehmigungspflichtiger Brandschutzkonzepte war der Brand am Düsseldorfer Flughafen im Jahre 1996. Diese Katastrophe zeigte deutlich, dass es nicht nur auf Formulierungen von Vorschriften ankommt, die im vorliegenden Fall zu Genüge vorhanden waren. Die Einhaltung, Dokumentation und Umsetzung der Vorschriften wurden jedoch weitestgehend dem Zufall überlassen und selten kontrolliert. Dies wurde nicht nur am Flughafen Düsseldorf so gehandhabt. Das erste Bundesland, welches verpflichtend Brandschutzkonzepte für Sonderbauten verlangte, war Nordrhein-Westfalen. Die Brandschutzkonzepte sollten ab diesem Zeitpunkt akribisch erstellt und behördlich geprüft werden.

Aktuell bildet die Musterbauordnung (MBO) den Orientierungsrahmen für die gesetzlich bundesweit geltenden Brandschutzrichtlinien. Die Musterbauordnung wurde 2002 eingeführt und führt u. a. in § 14 MBO wörtlich Folgendes aus:

„Bauliche Anlagen sind so anzuordnen, zu errichten, zu ändern und instand zu halten, dass der Entstehung eines Brandes und der Ausbreitung von Feuer und Rauch (Brandausbreitung) vorgebeugt wird und bei einem Brand die Rettung von Menschen und Tieren sowie wirksame Löscharbeiten möglich sind."

Für die Formulierung der MBO war die Arbeitsgemeinschaft der 16 Bundesländer „IS-ARGEBAU" zuständig. Die MBO stellt selbst kein Gesetz dar, sondern bildet die Grundlage für die auf Landesebene vorgeschriebenen Brandschutzkonzepte und ist somit Bestandteil eines Baugenehmigungsverfahrens.

Eine einheitliche Regelung auf Bundesebene existiert nicht. In der Regel verlangt die Brandschutzbehörde keinen Brandschutzplan für folgende Gebäude:

- Neben- und Anbauten
- kleine Gebäude,
- Einfamilienhäuser,
- Landwirtschaftliche Gebäude.

Zu den Gebäudeklassen, die ein eigenes Brandschutzkonzept benötigen, zählen gemäß MBO sogenannte Sonderbauten. Wann ein Gebäude ein Sonderbau ist, regeln jedoch die Vorschriften der jeweiligen Bundesländer. Auch wie detailliert ein Brandschutzplan sein muss, hängt von der Bauart, Nutzung und Anlage des jeweiligen Gebäudes ab. Sonderbauten können insbesondere sein:

- Büro- und Verwaltungsgebäude, die eine Grundfläche von mehr als 400 m² aufweisen
- Hochhäuser
- Kindergärten und Schulen
- Gaststätten.

Die Grundlage für das individuell erstellte Brandschutzkonzept bildet zum einen die Nutzung des Gebäudes, das zu erwartende Ausmaß der Schäden und das Brandrisiko. Neben den Vorstellungen und dem Zweck des Bauherrn bzw. Eigentümer eines Gebäudes, müssen auch die versicherungsrechtlichen und behördlichen Vorgaben mit einkalkuliert werden.

Das Brandschutzkonzept umfasst, einfach gesagt, sämtliche Einzelmaßnahmen in folgenden Bereichen:

- **Abwehr:** Handlungen zur Bekämpfung, Eingrenzung und Löschung von Bränden
- **Vorbeugung:** anlagentechnische und bauliche Feuerschutzwesen (beispielsweise Brandschutztüren und Fluchtwege)
- **Organisation:** unternehmerische Brandschutzordnung.

Die Genehmigung eines Brandschutzkonzeptes setzt voraus, dass es eine aussagekräftige Beschreibung der risikorelevanten Aspekte aufweist. Hierzu gehören beispielsweise ein dargelegtes etwaiges Brandszenario und seine Wirkung auf entsprechende Schutzziele. In NRW ist dies auch in der BauPrüfVO geregelt.

Für die Erstellung eines Brandschutzkonzeptes ist im Regelfall der Bauherr verantwortlich. Für Gebäude, die in öffentlicher Hand liegen, ist ein sogenannter Brandschutzsachverständiger hinzuzuziehen. Dieser erstellt das Brandschutzkonzept und führt ggf. auch die baulichen Maßnahmen. Im privaten Bereich besteht keine Verpflichtung, einen solchen Sachverständigen zu beauftragen. Jedoch können die Behörden verlangen, dass für die Erstellung des Brandschutzkonzeptes eine besonders qualifizierte Person hinzugezogen wird. Dies kann z. B. bei Sonderbauten wie Krankenhäusern, Messebauten, Schulen oder Industrieanlagen der Fall sein. Also überall dort, wo sich größere Mengen von Personen aufhalten.

Der Brandschutznachweis ist essentieller Bestandteil des genehmigungspflichtigen Bauantrags. Insbesondere gilt dies bei Bauvorlagen für Sonderbauten, bei denen bekannt ist, dass sich dort eine größere Anzahl Menschen aufhalten wird. Hier prüfen die Behörden akribisch das vorgelegte Brandschutzkonzept. Nach Fertigstellung des Gebäudes erfolgt eine weitere Prüfung durch einen Prüfsachverständigen oder eine für die jeweilige Situation ausgebildete Person.

Die Baubehörde benötigt zur Überprüfung ob alle vorgeschriebenen Maßnahmen erfüllt werden, einen Brandschutznachweis. Die Vorlage eines solchen Nachweises ist auch bei den Gebäudeklassen 1 bis 3 Pflicht. Hierbei handelt es sich um konventionelle Wohn- und Bürogebäude. Im Regelfall enthält schon der Bauplan selbst einen solchen Plan über Brandschutzdetails. Ist dies der Fall, ist es nicht zwingend erforderlich, einen separaten Brandschutznachweis erstellen zu lassen.

Der Brandschutznachweis ist immer bei Sonderbauten und den Gebäudeklassen 5 erforderlich. Unter die Gebäudeklasse 5 fallen folgende Objekte:

- Nutzungseinheit hat mehr als 400 Quadratmeter Grundfläche
- Das Gebäude ist höher als 13 Meter
- Unterirdische Gebäude.

Die Verantwortung hierfür obliegt dem Bauherrn. In den meisten Fällen verfügt dieser aber nicht über das Spezialwissen, das es für die Formulierung eines Brandschutznachweises braucht.

Ein Brandschutznachweis besteht in der Regel aus einem Mantelbogen, der alle relevanten Angaben über das Objekt und auch den Bauherrn beinhaltet (Adresse des Bauherrn, Standort des Objektes usw.). Im Bauplan müssen sämtliche Details über den Brandschutzplan niedergeschrieben sein, soweit dies möglich ist. Durch Checklisten für die einzelnen geplanten Maßnahmen über Fluchtwege, Löschgeräte, Brandschutztüren etc. wird die Überprüfung des Brandschutzplans erleichtert.

Sämtliche Gebäude setzen eigene Parameter zur Beschreibung von Brandschutzkonzept, -plan und –nachweis voraus. Die landesrechtlichen Behördenvorgaben fließen mit ein. Daher gibt es auch keine bundesweit einheitliche Vorlage. Es ist zu empfehlen, die Erstellung einer Brandschutzdokumentation mithilfe einer professionellen Software durchzuführen.

Damit im Notfall schnell reagiert werden kann, oder auch um die Maßnahmen zum Feuerschutzwesen kontrollieren zu können, werden alle Dokumente in einer Brandschutzdokumentation zusammengefasst. Hierzu gehören Angaben zu den technischen und baulichen Aspekten des Brandschutzes sowie die Brandschutzordnung selbst. Die Brandschutzordnung enthält Notfallanweisungen für:

- jegliche Mitarbeiter der Institution/des Betriebs,
- alle Menschen allgemein im Gebäude,
- jene Mitarbeiter, die für das Feuerschutzwesen zuständig sind.

Des Weiteren können auch noch folgende Elemente in der Brandschutzdokumentation enthalten sein:

- Brandschutzunterweisung,
- Prüfungsunterlagen zu Arbeitsmitteln,
- Ausbildung/Benennung des Brandschutzbeauftragten sowie Brandschutzhelfer,
- Gefährdungsbeurteilung und Brandrisikoanalyse,
- Feuerwehrplan, Brandschutzplan, Feuerwehrlaufpläne, Flucht- und Rettungspläne sowie Alarmpläne.

Jeder, der in einem Betrieb arbeitet, hat dafür Sorge zu tragen, dass Brände verhindert und bekämpft werden – vom Unternehmer über die Beschäftigten bis zum Sicherheitsbeauftragten.

Um Unfallrisiken und gesundheitsschädliche Belastungen am Arbeitsplatz zu vermeiden bzw. zu minimieren, ist es erforderlich, sich der Gefährdungen und Belastungen bewusst zu sein und sie einschätzen können. Das Arbeitsschutzgesetz sieht in §5 vor, dass in jedem Betrieb, der Angestellte beschäftigt, eine sogenannte Gefährdungsbeurteilung in regelmäßigen Abständen durchgeführt wird, dazu zählt auch die Brandgefährdung. Zur Brandverhütung müssen Maßnahmen technischer, organisatorischer und persönlicher Art getroffen und regelmäßig kontrolliert werden, auch muss für Feuerlöscheinrichtungen gesorgt sein. Die Beschäftigten müssen auf die Brandgefahren hingewiesen und hinsichtlich ihrer Vermeidung unterwiesen werden (eine jährliche Unterweisung der Mitarbeiter kann auf Grundlage des §12 des Arbeitsschutzgesetzes erfolgen sowie der DGUV Vorschrift 1 Grundsätze der Prävention / § 4 Unterweisung der Versicherten entnommen werden). Sämtliche Maßnahmen und Einrichtungen müssen regelmäßig kontrolliert werden.

Der Geschäftsführer und die Vorstände von Unternehmen

Für sämtliche Pflichten des Unternehmens stehen Geschäftsführer und Vorstand in der Verantwortung, und zwar bis hin zu einer möglichen persönlichen Haftung. Das gilt nicht allein für die Produkthaftung, sondern auch für Mängel hinsichtlich des Brandschutzes. Haftung und Verantwortung von Geschäftsführer und Vorstand sind also äußerst umfangreich.

Natürlich ist es möglich, dass der Geschäftsführer die Pflichten und Auflagen bezüglich des Brandschutzes delegiert und einen

Brandschutzbeauftragten benennt; eine Befreiung von der Haftung hängt allerdings davon ab, was in einem solchen Fall mit dem Brandschutzbeauftragten vereinbart wird. Denn erfolgt jene Delegation nicht ordnungsgemäß, liegt ein Organisationsverschulden seitens des Geschäftsführers vor. Der mit den Brandschutzpflichten Beauftragte muss laut Vereinbarung auch die Verantwortlichkeit übertragen bekommen, um letztlich zu haften. Doch selbst dann ist es immer noch möglich, dass das Unternehmen in einer Teilverantwortung steht. Nicht zuletzt ist es denkbar, dass in Bezug auf bestimmte Anlagen das Unternehmen als ihr Betreiber die Gefährdungshaftung innehat.

Fachkräfte für Arbeitssicherheit können die Beschäftigten bezüglich der Brandgefährdung beraten und auf Brandschutzmängel hinweisen. Eine Zusammenarbeit mit dem Brandschutzbeauftragten bietet sich an, um entsprechende betriebliche Maßnahmen einzurichten.

Der **Brandschutzbeauftragte** hat die Aufgabe, den Unternehmer in sämtlichen Fragen des Brandschutzes aufzuklären und zu beraten bzw. Unterstützung bei der Einrichtung von entsprechenden Maßnahmen zu leisten. Hierzu zählt beispielsweise die Planung, Ausführung und der Unterhalt der Betriebsanlagen, Brand- und Explosionsgefahren zu ermitteln, Brandschutzeinrichtungen zu kontrollieren und die Beschäftigten entsprechend auszubilden. Auch sollte der Brandschutzbeauftragte einen Notfallplan erstellen, in welchem Flucht-, Rettungs- und Feuerwehrpläne festgehalten werden. Als Brandschutzbeauftragte fungieren üblicherweise Beschäftigte des Unternehmens. Die Benennung eines Brandschutzbeauftragten ist nach Bauordnungen, Verkaufsstätten- oder Versammlungsstättenverordnung oder auch der Industriebaurechtlinie vorgesehen. Wie die Aufgaben und Pflichten dieses Brandschutzbeauftragten aussehen, regelt die Deutsche Gesetzliche Unfallversicherung (DGUV). Zwar wird er in Bezug auf den Brandschutz speziell ausgebildet, dennoch wächst damit nicht sein Haftungsrisiko, welches folglich nicht zwangsläufig höher ist als das der anderen Beschäftigten. Ausnahme: Der Geschäftsführer oder der Vorstand haben die Verantwortlichkeit für die Brandschutz-Aufgaben an den Brandschutzbeauftragten in vertraglicher Form verbindlich übertragen. Doch selbst dann ist noch eine persönliche Haftung des Geschäftsführers oder des Vorstandes möglich. Hier muss im Einzelfall entschieden werden.

Die folgende Aufzählung zeigt eine Auswahl der Aufgaben und Pflichten des Brandschutzbeauftragten:

- Erstellung und Aktualisierung der Brandschutzordnung
- Beurteilung der Brandgefahr am Arbeitsplatz: Hierbei wirkt der/die Brandschutzbeauftragte mit, muss sie aber nicht allein erstellen. Informationen hinsichtlich der Brandrisiken kann er u.a. über den Feuerversicherer, die Berufsgenossenschaft und auch die Feuerwehr einholen.
- Beratung bei feuergefährlichen Arbeiten und Arbeitsstoffen: Der Brandschutzbeauftragte gibt den Beschäftigten seines Betriebs Tipps und Hinweise in punkto Sicherheit und präventive Maßnahmen.
- Mitwirkung bei den unterschiedlichen Maßnahmen bzgl. Brandschutz: Der Brandschutzbeauftragte klärt die Unternehmensführung bzw. die leitenden Personen über Auflagen und Maßnahmen hinsichtlich des Brandschutzes auf.
- Mitwirkung bei der Umsetzung und Einhaltung von Brandschutzbestimmungen.
- Regelmäßige Kontrolle der Flucht-, Rettungs-, Feuerwehr- und Alarmpläne.
- Meldung und Beseitigung von Mängeln im Zusammenhang mit dem Brandschutz.
- Prüfung der Lagerung von feuergefährlichen Stoffen, Flüssigkeiten, Gasen etc.

- Kontrolle der Kennzeichnung von Brandschutzeinrichtungen, der Flucht- und Rettungswege und der Brandschutzmaßnahmen.

Die **Beschäftigten** wiederum sind angehalten, Brandverhütungsmaßnahmen zu unterstützen und den Anweisungen des durch das Unternehmen beauftragten Personals im Falle eines Brandes Folge zu leisten.

Der **Sicherheitsbeauftragte** sollte, falls dies umsetzbar ist, keine Führungsfunktion innehaben. Er unterstützt allgemein bei der Durchführung der Maßnahmen zur Vermeidung von Unfällen am Arbeitsplatz und macht die Beschäftigten auf die entsprechenden Gefahren aufmerksam. Dies gilt freilich auch hinsichtlich des Brandschutzes in dem jeweiligen Betrieb.

Brandschutzhelfer sind betriebseigene Beschäftigte, die in ausreichender Anzahl von dem Unternehmen bezüglich der Nutzung der Feuerlöscheinrichtungen eingewiesen wurden. Der Unternehmer hat eine für die Unternehmensgröße angemessene Anzahl von Beschäftigten durch Unterweisung und Übung im Umgang mit Feuerlöscheinrichtungen zur Bekämpfung von Entstehungsbränden vertraut zu machen. Die Anzahl der Brandschutzhelfer sollte bei mindestens fünf Prozent der Beschäftigten des Betriebs liegen, bei einer erhöhten Brandgefährdung oder der Anwesenheit vieler Personen mit eingeschränkter Mobilität, sollte sie noch höher liegen. Unter der Mitwirkung von Brandschutzhelfern können Brände besser vermieden und gegebenenfalls bekämpft werden, weiterhin leisten sie bedeutsame Hilfe bei der Evakuierung des Personals infolge eines Brandes. Der Brandschutzhelfer unterstützt den Brandschutzbeauftragten und übernimmt unter anderem die Kontrolle der Brandschutzeinrichtungen, hilft bei der Brandbekämpfung und der Rettung von Menschen. Hierfür sollte er zuvor ausgebildet werden.

Seine Haftung ist durch seine lediglich unterstützende Rolle noch weiter eingeschränkt als die eines Brandschutzbeauftragten. Die Übertragung der Verantwortlichkeit auf den Brandschutzhelfer ist üblicherweise auch nicht möglich. Ein Haftungsanspruch kann lediglich bei Vorsatz oder auch grober Fahrlässigkeit auf ihn zurückgeführt werden.

8. Brandschutz auf Baustellen

Auf einer Baustelle lauern zahlreiche Gefahren, welche das Risiko der klassischen Brandgefahren in geschlossenen Bauwerken weitaus übersteigen. Grund hierfür sind sowohl feuergefährliche Arbeiten als auch die hohe Brennbarkeit der eingesetzten Materialien. Es gilt zudem zu bedenken, dass sich die Gefahrenquellen entsprechend des Baufortschritts ändern. Weitere Faktoren sind fehlende Koordination, Termin- und Kostendruck, das Zusammenwirken mehrerer Firmen und Gewerke sowie Kommunikationsschwierigkeiten.

Typische Brandrisiken auf der Baustelle:

Häufige Gefahrenquellen sind der Einsatz brennbarer Materialien und feuergefährliche Tätigkeiten.

1. Einsatz von brennbaren Materialien während der Bautätigkeit

Hohe Risikofaktoren für eine Brandausbreitung sind:

- Baustellenabfälle
- Eingelagerte brennbare Stoffe
- Behelfsbauten
- Abbruchmaterialien
- Verpackungsmaterialien
- Druckgasbehälter
- Einsatz und Verarbeitung von Lösungsmitteln, Klebstoffen und Reinigungsprodukten
- Feuerstellen
- Heizungsanlagen
- Mit Gas betriebene Geräte
- Elektrische Anlagen
- Provisorische Installationen
- Inbetriebnahme von technischen Anlagen.

2. Brandschutz während der Bautätigkeit

Hohe Risikofaktoren für eine Brandausbreitung sind:

- Feuergefährliche Arbeitsgeräte
- Arbeiten mit Feuer (Löten, Schneidbrennen, Schweißen, Trocknen, Trennschleifen, Auftauen)
- Jegliche Arbeiten, die Funken erzeugen
- Arbeiten über offener Flamme.

Für Tätigkeiten mit feuergefährlichen Arbeitsgeräten muss der Auftraggeber eine schriftliche Genehmigung erteilen. In dieser sind die erforderlichen Sicherheitsmaßnahmen verankert. Der Erlaubnisschein ist Voraussetzung für die Durchführung dieser Arbeiten. Feuergefährliche Arbeiten dürfen ausschließlich von ausgebildeten Fachkräften durchgeführt werden, weiterhin muss eine fortwährende Beaufsichtigung während der Arbeiten gewährleistet sein. Die Brandwache muss sachkundig und mit den örtlichen Gegebenheiten vertraut sein. Während der Ausführung von Feuerarbeiten ist die Einhaltung der einschlägigen Sicherheitsvorschriften Pflicht. Die Explosions- und Brandgefahr ist besonders in jenen Bereichen hoch, in welchen Feuer, offenes Licht und Rauchen verboten sind. Auch beim Vorhandensein leicht entzündlicher Stoffe oder explosiver Gase sowie unterhalb von Dächern mit Dachdeckung, Abdichtung und einer brennbaren Dämmung ist das Risiko eines Brandes erhöht.

Zu den anlagentechnischen Brandschutzmaßnahmen zählen Brandschutzklappen, Systeme, welche den Rauch anziehen und Unterdecken mit Feuerwiderstand. Zu den wichtigsten Anlagen zählen:

- Brandmelder
- Feuerlöscher

- Natürliche Rauchabzugsanlagen
- Maschinelle Rauchabzugsanlagen ebenso wie die
- Löschwasserrückhaltung.

3. Baulicher Brandschutz auf Baustellen:

Hierunter fallen jene Maßnahmen im Sinne des Brandschutzes, die zusammenhängend mit der Errichtung oder Änderung von Bauwerken eingeleitet werden müssen:

- Aufstell- und Bewegungsflächen für die Feuerwehr
- Erschließung der Baustelle mit Löschwasser
- Bildung von Brandabschnitten.

4. Organisatorischer Brandschutz auf dem Bau

Hierbei handelt es sich um ergänzende Maßnahmen. Beispiele sind:

- Nutzung, Instandhaltung, Wartung, fachgerechter Umgang mit baulichen und technischen Brandschutzeinrichtungen
- Kennzeichnung von Rettungs- und Fluchtwegen
- Freihalten von Rettungs- und Fluchtwegen
- Aushang von Brandschutzordnungen
- Maßnahmen im Notfall

Auch während Gefahr müssen Baustätten sicher zugänglich und ein schnelles Verlassen dieser muss gewährleistet sein! Mindestens ein Treppenraum muss offen mit allen Stockwerken verbunden, funktionsfähig und abzuschotten sein. Hierzu zählen auch Geländer und Absturzsicherungen.

Innerhalb der Stockwerke muss sichergestellt werden, dass die vertikal ausgerichteten Rettungswege hindernisfrei passierbar sind. Baumaterialien dürfen nicht in den Fluren gelagert werden und die

Abschlüsse und Türen müssen ohne den Einsatz von Werkzeug geöffnet werden können. Die in der Baugenehmigung verankerte Zufahrt für die Feuerwehr darf nicht blockiert sein.

Da die Wasseranschlüsse während der Bauphase nicht funktionsfähig sind, kommt Feuerlöschern gerade hier eine große Bedeutung zu. Speziell im Winter sollten frostunempfindliche Feuerlöscher zur Verfügung stehen. Je Arbeitsmittel und Verfahren mit hoher Brandgefährdung muss ein Feuerlöscher, welcher die entsprechende Brandklasse aufweist, vorhanden sein. Für diesen sind in der Nähe sechs oder mehr Löscheinheiten bereitzustellen. Feuerlöscher dürfen nicht auf dem Boden stehen und sind leicht erreichbar und gut sichtbar an Fluren, Treppenräumen bzw. Ausgängen so anzubringen, dass sie der witterungsgeschützten Halterung problemlos entnommen werden können. Zu empfehlen ist es, die Griffhöhe zwischen 80 und 120 cm zu positionieren. Alle Personen, die auf der Baustelle tätig sind, müssen weiterhin regelmäßig an Unterweisungen zur bestimmungsgemäßen Bedienung eines Feuerlöschers teilnehmen.

9. Baulicher Brandschutz

Der bauliche Brandschutz ist ein Teil des vorbeugenden Brandschutzes. Er beinhaltet sämtliche bautechnische, mithin das Gebäude betreffende, Maßnahmen: die Planung der Fluchtwege, die Brandbekämpfung durch Löschvorrichtungen, die Aufteilung der Gebäude in Brandabschnitte, das Brandverhalten von Baustoffen und den Feuerwiderstand von Bauteilen. Die Bau-, Brandschutz- und Arbeitsbehörde sowie die Versicherer, stellen bestimmte Sicherheitsanforderungen an eine bauliche Anlage. Diese Anforderungen berücksichtigen ihre Beschaffenheit, Größe und Nutzung. Die Anlage muss so angeordnet, errichtet, geändert und instandgehalten werden, dass zunächst präventiv einer Brandentstehung und -ausbreitung entgegengewirkt wird, weiterhin, dass bei einem Brand die Brandlöschung möglich ist und Menschen und Tiere gerettet werden können. Ändert sich die Nutzung eines Gebäudes, ist eine Genehmigung durch die Baugenehmigungs-behörde einzuholen, denn es bedarf in diesem Fall einer erneuten Überprüfung und Beurteilung der Anforderungen an den Brandschutz. Auch kann ein Brandschutzkonzept erforderlich sein, wenn es um Gebäude besonderer Art geht (z.B. Krankenhäuser, Schulen, Hochhäuser). Eine Zusammenarbeit zwischen dem Unternehmen und der zuständigen Baugenehmigungs- und Arbeitsschutzbehörde, der Feuerwehr, den Verantwortlichen des gesetzlichen Unfallversicherungsträgers und des Sachversicherers ist unabdingbar.

Das Landesministerium für Heimat, Kommunales, Bau und Gleichstellung NRW hat im Januar 2021 in Zusammenarbeit mit den Mitgliedern der Baukostensenkungskommission des Landes NRW in Form der **„Baufachlichen Mitteilung 02"** eine Handlungshilfe zum Baulichen Brandschutz veröffentlicht. Diese erfasst die Mindestanforderungen der Bauordnung NRW 2018 an die Bauteile in den Gebäudeklassen in Tabellen. Die Arbeitshilfe findet sich im Anhang des Praxisbuches im Wortlaut.

Die Klassifizierung von Baustoffen und Bauteilen

Bei sämtlichen Baumaßnahmen sind **Baustoffe und Bauteile** einzusetzen, die schwer oder bestenfalls gar nicht entzündlich sind und somit die Möglichkeit der Entstehung oder Ausbreitung eines Brandes vermindert werden kann. Eine Klassifizierung des Brandverhaltens von Baustoffen und die Bewertung, ob Letztere baulich eingesetzt werden können, erfolgt anhand der Norm DIN EN 13501 Teil 1 „Klassifizierung von Bauprodukten und Bauarten zu ihrem Brandverhalten" bzw. der DIN 4102 Teil 1 „Brandverhalten von Baustoffen und Bauteilen – Baustoffe; Begriffe, Anforderungen und Prüfungen". Die Neuerungen in der Landesbauordnung NRW konkretisieren die Anforderungen und die Feuerwiderstandklassen. Die bisherigen Kennzeichnungen nach A, B1, B2 wurden nun in die Begriffe „nicht brennbar", „schwer entflammbar" und „normal entflammbar" umbenannt. Des Weiteren sind leicht entflammbare Baustoffe weiterhin nicht einzusetzen.

Unter dem **Feuerwiderstand** versteht man grundsätzlich die Dauer, über die ein Bauteil im Falle eines Brandes seine Funktion beibehält. Das bedeutet, das Bauteil muss seine Tragfähigkeit behalten und geeignet sein, eine Ausbreitung des Brandes oder des Rauches innerhalb dieser Dauer zu verhindern. Bisher wurden die Feuerwiderstandsklassen mit F 30, F 90 bezeichnet. Diese Kennungen werden nun ersetzt durch die bauaufsichtlichen Bezeichnungen „feuerbeständig" und „feuerhemmend". Neu ist ebenfalls die Einordnung in „hochfeuerhemmend" für eine Feuerwiderstandsfähigkeit von 60 Minuten. Dieser Widerstand wird in Ergänzung für Baustoffe, mithin für ihr Brandverhalten, auf Grundlage der nationalen Norm DIN 4102 Teil 1 in zwei Klassen unterteilt: Baustoffklasse A beinhaltet die nicht brennbaren, Baustoffklasse B die brennbaren Baustoffe. Weiter wird in der DIN

4102 Teil 1 nach der Entflammbarkeit der Baustoffklassen unterschieden. Durch die Tatsache, dass brennbare Baustoffe ein unterschiedliches Brandverhalten aufweisen, werden die Baustoffklassen auch hinsichtlich ihrer Entflammbarkeit differenziert.

Bauaufsichtliche Benennung	Baustoffklasse nach DIN 4102	Beispiele
nicht brennbare Baustoffe ohne Nachweis	A 1	Sand, Lehm, Ton, Kies, Glas, Mineralwolle ohne organische Zusätze, Stahl
nicht brennbare Baustoffe mit besonderem Prüfnachweis	A 2	Baustoffe mit geringen organischen Bestandteilen
schwer entflammbare Baustoffe	B 1	mineralisch gebundene Holzwollleichtbauplatten nach DIN EN 13168; andere nur mit besonderem Prüfnachweis
normal entflammbare Baustoffe	B 2	Kork, Holz und Holzwerkstoffe von mehr als 2 mm Dicke; andere nur mit besonderem Prüfnachweis
leicht entflammbare Baustoffe	B 3	Papier, Stroh, Holz bis zu 2 mm Dicke; soweit ohne gegenteiligen Prüfnachweis

Tabelle 1: Klassifizierung des Brandverhaltens nach DIN 4102 Teil 1

Die Klassifizierung gemäß der europäischen Norm DIN EN 13501 Teil 1 begründet eine größere Vielfalt von Klassen und Klassenkombinationen, denn hier werden auch Brandnebenerscheinungen, wie etwa die Rauchentwicklung, aufgeführt.

Bauaufsichtliche Anforderungen	Mindestens geeignete Klassen nach DIN EN 13501-1		
	Bauprodukte, ausgenommen lineare Rohrdämmstoffe und Bodenbeläge	lineare Rohrdämmstoffe	Bodenbeläge
nicht brennbar[1]	A2 – s1, d0*	A2L – s1, d0*	$A2_{fl}$ – s1
schwerentflammbar und nicht brennend, abfallend oder abtropfend, sowie geringe Rauchentwicklung	C – s1, d0*	C_L – s1, d0*	-
schwerentflammbar und nicht brennend, abfallend oder abtropfend	C – s2, d0*	C_L – s2, d0*	-
schwerentflammbar und geringe	C – s1, d2*	C_L – s1, d2*	C_{fl} – s1

Rauchent-wicklung			
schwerent-flammbar	C – s2, d2*	C_L – s2, d2*	C_{fl} – s1
normalent-flammbar und nicht brennend, abfallend oder abtropfend	E	E_L	-
normalent-flammbar	E – d2	E_L – d2	E_{fl}

Tabelle 2: Bauaufsichtliche Anforderung und mindestens erforderliche Leistungen zum Brandverhalten nach DIN EN 13501 Teil 1

1 soweit erforderlich zusätzlich Schmelzpunkt > 1000 °C

* soweit erforderlich Glimmverhalten

Die anhand der nationalen Norm DIN 4102 geprüften und eingeordneten Bauteile werden dann mittels eines Großbuchstabens und der Feuerwiderstandsdauer (angegeben in Minuten) gekennzeichnet. Überdies gibt es eine Kennung für das Brandverhalten des Baustoffs. So kann ein Bauteil noch genauer klassifiziert werden. Beispiel: „F" steht für Wände, Decken und Gebäudestützen; die Feuerwiderstandsdauer liegt bei unter 30 Minuten, die Feuerwiderstandsklasse ist „A", das Bauteil besteht also aus nicht brennbaren Baustoffen. Die Abkürzung für dieses Bauteil lautet dann: „F 30 – A".

Bauaufsichtliche Benennung	Feuerwiderstandsklasse nach DIN 4102	Feuerwiderstandsdauer in Minuten
feuerhemmend	F 30	> 30
hochfeuerhemmend	F 60	> 60
Feuerbeständig	F 90	> 90
hochfeuerbeständig	F 120	> 120
höchstfeuerbeständig	F 180	> 180

Tabelle 3: Feuerwiderstandsklassen von Wänden, Decken und Gebäudestützen nach DIN 4102

Die Klassifizierung gemäß der europäischen Norm DIN EN 13501 ermöglicht eine größere Vielfalt bezüglich der Klassifizierungszeiten und Leistungseigenschaften. Hierbei werden die Klassifizierungszeiten (10, 15, 30, 45, 60, 90, 120, 180, 240, 360) für jede Leistungseigenschaft in Minuten angegeben, allerdings werden nicht alle Klassifizierungszeiten für sämtliche Bauteile angegeben.

Herleitung des Kurzzeichens	Leistungseigenschaft
R (Résistance)	Tragfähigkeit, kein Verlust der Standsicherheit
E (Étanchéité)	Raumabschluss, Verhinderung des Feuer- oder Gasdurchtritts auf die unbeflammte Seite
I (Isolation)	Wärmedämmung (unter Brandeinwirkung); Begrenzung der Übertragung von Wärme auf die dem Feuer abgewandten Seite.
W (Radiation)	Wärmestrahlung; Begrenzung des Durchtritts der Wärmestrahlung auf die abgewandte Seite
M (Mechanical)	Widerstand gegen mechanische Beanspruchung, Stoßbeanspruchung auf das Bauteil
C (Closing)	Selbstschließende Eigenschaft, Fähigkeit eines Feuerschutzabschlusses vollständig zu schließen
S (Smoke)	Rauchdichtheit, Begrenzung des Durchtritts von Gas oder Rauch

Tabelle 4: Beispiele für Leistungseigenschaften nach DIN 13501 Teil 2

Brandklassen

Die europäische Norm DIN EN 2 differenziert zwischen verschiedenen Brandklassen. Diese sind im Folgenden kurz erläutert.

Brandklasse A: Feste Stoffe, etwa Holz, Stroh, Textilien. Diese Stoffe verbrennen üblicherweise unter der Entstehung von Glut.

Brandklasse B: Flüssige oder flüssig werdende Stoffe, etwa Öl, Benzin, Lacke.

Brandklasse C: Gase, etwa Methan, Erdgas.

Brandklasse D: Metalle, etwa Aluminium, Natrium.

Brandklasse F: Speiseöle und -fette, etwa in Frittiergeräten.

In der DIN EN 2 gibt es keine eigene Brandklasse für Brände von elektrischen Anlagen und Betriebsmitteln. Für die Brandbekämpfung von elektrischen Anlagen geeignete Feuerlöscher nach der DIN EN 3-7 sind gekennzeichnet mit der maximalen Spannung (z.B. bis 1.000 Volt) und dem Mindestabstand (z.B. 1 Meter).

Brandreaktionen einzelner Baustoffe und Bauteile

Eine **Stahlkonstruktion** erfüllt den Anspruch der ausreichenden Widerstandsfähigkeit gegen einen Brand nur durch weitergehende Maßnahmen. Tatsache ist, dass Stahl durch die Einwirkung von Hitze sowohl seine Tragfähigkeit als auch seine Festigkeit einbüßt. Wird Stahl erwärmt, längt er sich aus und kann sich aus seinen Lagerpunkten drücken oder, durch Erstarren, aus seinen Lagerpunkten ziehen. Eine Ausdehnung um 1,2mm je Meter und 100 Kelvin (K) ist möglich. Folglich ist es erforderlich, Stahl mit speziellen wärmeisolierenden Maßnahmen zu behandeln, etwa einem im Brandfall aufschäumenden Anstrich, einer Überdimensionierung, einer Innenkühlung, einer Betonschalung oder einem Mantel aus Beton, der aus nicht brennbaren und wärmeisolierenden Stoffen besteht, sodass letztlich eine ausreichende Widerstandsfähigkeit gegen Feuer gewährleistet ist.

Im Gegensatz zu Stahl behalten **Bauteile aus Holz** bei entsprechender Dimensionierung ihre Tragfähigkeit im Brandfall länger, auch wenn sie verkohlen. Denn erst ab einer Querschnittminderung von 50 % besteht Einsturzgefahr. So sind beispielsweise Holzdachträger unter Brandschutzaspekten betrachtet besser geeignet als ungeschützte Stahlkonstruktionen.

Bauteile zur Gefahrenminimierung

Brandschutzverglasungen, d.h. eine gesamte Konstruktion aus Glas, Rahmen, Dichtung und Befestigungsmaterial, werden vor allem bei Fassaden, Dächern, Trennwänden und Brand- bzw. Rauchschutztüren eingesetzt. Hierfür braucht es eine entsprechende Zulassung durch die Bauaufsicht, sie müssen also grundsätzlich gemäß dem erwirkten Zulassungsbescheid eingebaut und abgedichtet werden. Als Brandschutzverglasung wird stets ein ganzer Material-Verbund bezeichnet, also neben dem Glas auch der Rahmen, die Dichtung und das Material zur Befestigung des Glases.

Bei Brandschutzverglasungen wird weiterhin differenziert zwischen **raumabschließenden Verglasungen**, die verhindern, dass über eine bestimmte Dauer Brandgase und Flammen durchdringen können, und **wärmedämmenden Verglasungen**, die darüber hinaus einer Wärmeübertragung für einen bestimmten Zeitraum entgegenwirken.

Der Ausbreitung eines Feuers in einem Gebäude oder auf weitere Gebäude kann durch die Bildung sogenannter **Brandabschnitte** begegnet werden. Dabei wird eine räumliche Trennung der Gebäude- und Nutzungseinheiten eingerichtet. Beispiele hierfür sind eine äußere Brandwand, deren Abstand mindestens 2,5 Meter von der Grundstücksgrenze zum Gebäude und von Grundstücksgrenze zum nächsten Gebäude ebenfalls 2,5 Meter beträgt, oder größere

Räume, welche mit feuerfesten Wänden und/oder Brandwänden versehen werden. Damit diese zweckdienlich sind, müssen sie bis zur Dachhaut errichtet sein. In manchen Fällen besteht das zusätzliche Erfordernis, diese gegebenenfalls sogar über das Dach hochzuziehen, sofern die Dachhaut aus Baustoffen besteht, die brennbar sind.

Türen dienen ebenfalls als Feuerschutzabschlüsse in feuerbeständigen Brandwänden und Wänden und müssen folglich auch eine entsprechende Widerstandsdauer gegen Feuer aufweisen. Türen, die sich in Brandwänden befinden, müssen dieselben Anforderungen erfüllen, wie die Brandwand selbst.

Brandwände sind dann erforderlich, wenn es sich um Gebäudeabschlusswände mit einem Abstand von weniger als 2,5 Meter zur Grundstücksgrenze handelt. Sie können auch als innere Brandwand genutzt werden, die der Unterteilung größerer Gebäude an Abständen von weniger als 40 Metern dienen bzw. zur Unterteilung landwirtschaftlicher Gebäude in Brandabschnitten von weniger als 10.000 Kubikmetern.

Brandwände als Gebäudeabschlusswände sind auch zwischen Wohngebäuden und dort angebauten landwirtschaftlichen Gebäuden als Schutz erforderlich, sowie als innere Brandwand zwischen dem Wohnteil und dem landwirtschaftlich genutzten Gebäudeteil.

Bauteile mit Baustoffen, die brennbar sind, dürfen keinesfalls über Brandwände hinweggeführt werden. Besondere Vorkehrungen sind zu treffen bei Außenwandkonstruktionen, die eine seitliche Ausbreitung des Brandes begünstigen können (z.B. Doppelfassaden). Die Außenwandbekleidungen von Gebäudeabschlusswänden dürfen nicht entflammbar sein; dies gilt auch für die Unterkonstruktionen und die Dämmstoffe.

Treppen: Wenigstens eine Treppe (oder eine Rampe mit flacher Neigung) ist notwendig bei nicht ebenerdigen Geschossen und bei Dachräumen, die genutzt werden; Rolltreppen hingegen sind nicht erlaubt. Für Treppen ist ein fester und griffsicherer Handlauf vorgeschrieben, gegebenenfalls auch beidseitige Hand- und Zwischenhandläufe. Wichtig: Die Treppe darf nicht direkt hinter einer zur Treppe aufschlagenden Tür beginnen. Ein ausreichender Treppenabsatz zwischen Tür und Stufen ist erforderlich.

Treppenräume müssen so eingerichtet sein, dass die Treppen im Falle eines Brandes ausreichend lang genutzt werden können. Zwischen einem Aufenthaltsraum sowie einem Kellergeschoss muss mindestens ein Ausweg in einen Treppenraum oder ins Freie mit maximal 35 Metern Entfernung erreichbar sein. Jeder Treppenraum muss zudem einen direkten Ausgang ins Freie bieten. Ist dies nicht der Fall, muss der Raum zwischen dem Treppenraum und dem Ausgang ins Freie mindestens so breit sein wie die Treppe selbst. Abschlüsse, die selbstschließend und rauchdicht sind, müssen über Öffnungen zu Fluren sowie zu anderen Räumen verfügen.

Differenziert wird zwischen **Treppenräumen mit und ohne in jedem Geschoss zu öffnenden Fenstern**.

Treppenräume mit in jedem Geschoss zu öffnenden Fenstern: Hier müssen in jedem der oberirdischen Geschosse zu öffnende und ins Freie führende Fenster angebracht sein.

Treppenräume ohne in jedem Geschoss zu öffnende Fenster: Hier müssen die Treppenräume an der obersten Stelle mit einer Rauchableitungsöffnung ausgestattet sein. Dabei kann es sich um Rauch- und Wärmeabzugsanlagen handeln.

Bei Neubauten, bzw. wenn Gebäude baulich verändert oder erweitert werden, ist es wichtig, den Umfang, den ein Feuer verursachen kann, mithilfe von **Rauch- und Wärmeabzugsanlagen (RWA)** sowie **Rauchschürzen** so gering wie möglich zu halten. Rauch- und Brandgase werden durch sogenannte Öffnungsflächen ins Freie abgeführt. Rauchschürzen können der Ausbreitung des Rauchs im Raum entgegenwirken. Auch Treppenräume, die als Rettungs- oder Fluchtwege (neue ASR A2.3 vom Mai 2022, neue Bezeichnung: „Hauptfluchtwege und Nebenfluchtwege") dienen, müssen gemäß der Musterbauordnung über eine Einrichtung, die der Rauchableitung oder Rauchfreihaltung dient, verfügen.

Anders als der Rauchabzug, der vor allem dem Schutz der Personen dient, hat der Wärmeabzug in erster Linie die Aufgabe der Erhaltung der Widerstandsdauer eines Gebäudes im Falle eines Brandes. Für eine Kombination aus Rauch- und Wärmeabzug kommen oftmals Rauch- und Wärmeabzugsanlagen zum Einsatz. In den entsprechenden Bauordnungen der Länder und der Industriebaurichtlinie finden sich die Vorgaben für einen solchen Rauch- und Wärmeabzug. Dieser hat die Aufgabe, Flucht- und Rettungswege zu sichern, einen ungefährdeten Einsatz der Löschkräfte zu gewährleisten, das Gebäude zu schützen, indem die Wärme, die durch den Brand entsteht, abgeführt wird, und nicht zuletzt die Folgeschäden, die u.a. durch die Brandgase entstehen, zu vermindern.

Der Brandschutz bei **Industriebauten** wird insbesondere nach der Industriebaurichtlinie des jeweiligen Bundeslandes geregelt. Diese gilt für oberirdische Gebäude oder Gebäudeteile des Gewerbes und der Industrie, welche der Lagerung von Produkten und Gütern oder der Produktion derselben dienen. Auch betriebsbedingte Nebenräume, wie etwa Labore, Büros u.a., zählen dazu.

Sollte es sich nach Einschätzung der Landesbauordnung um einen **Sonderbau** handeln, sind besondere Anforderungen bzw. Erleichterungen möglich. Näheres ist der dann anzuwendenden Muster-Sondervorschrift zu entnehmen.

Neben den Auflagen der Bauaufsicht können in Bezug auf **private Schutzziele** auch weitere Aspekte zu berücksichtigen sein. Dazu zählen die Produktionssicherheit, Datensicherung, Schutz von Kunstwerken und Baudenkmälern sowie die Produktionssicherheit. Bei Industrie- und Gewerbegebäuden ist eine Abstimmung mit dem Feuerversicherer angebracht.

Zuletzt sind auch **Rauchwarnmelder nach DIN 14676** zu berücksichtigen. Diese sind in den überwiegenden Landesbauordnungen der Länder in Schlafräumen, Kinderzimmern und Fluren als Rettungswege von Aufenthaltsräumen vorgeschrieben.

Niemand wünscht sich, dass in seinem Betrieb ein Brand ausbricht. Und doch passiert es noch viel zu häufig. Unzählige Ursachen können dazu führen, dass es zu einem Feuer kommt. Insbesondere der die elektrischen Anlagen umgebende Bereich stellt eine hohe Gefährdung dar. Ein plötzlicher Kabelbrand, der ein Großfeuer auslöst, ist ebenso denkbar, wie menschliches unbeabsichtigtes Fehlverhalten. Hier ist demnach äußerste Vorsicht geboten.

Größtmöglicher Schutz durch vorbeugende Absicherung

Jedem Betreiber elektrischer Anlagen obliegen zahlreiche Verpflichtungen für präventive Maßnahmen, damit ein Brand erst gar nicht entstehen kann. Der Anlagenbetreiber hat schon im Vorfeld der Nutzung der Anlage angesichts seiner persönlichen Beurteilung der Gefährdung entsprechende Vorkehrungen und Notfallanordnungen für den Brandfall zu treffen. Sämtliche wichtige Brandrisiken, die sich aus dem Betrieb der Anlage ergeben können, sind mit höchster Sorgfalt zu bewerten und einzuschätzen, damit diese sich bestenfalls gar nicht erst in einem Feuer realisieren.

Sollte es aus unvorhersehbaren Gründen dennoch dazu kommen, sollen entsprechende Schutzmaßnahmen dafür sorgen, dass kein Chaos und keine Panik ausbrechen. Neben den zahlreichen bekannten und vorgegebenen Herangehensweisen, festgelegt in der DIN VDE 0132, sollte der Anlagenbetreiber folgende Punkte berücksichtigen:

- Alle Verantwortlichen für die Brandbekämpfung sind zu benennen und umfassend zu unterweisen.
- Eine ausreichende Anzahl an funktionierenden Feuerlöschern ist, abhängig von Art und Größe der Anlage, bereitzustellen. Diese müssen den richtigen Brandschutzklassen folgen.

- Die betrieblichen Verantwortlichen zur Brandbekämpfung müssen den fachkundigen Umgang mit vorhandenen Löschmitteln beherrschen.
- Eine ausreichende Persönliche Schutzausrüstung (PSA) für das verantwortliche Personal muss griffbereit zur Verfügung stehen.
- Die Lagerung von leicht entzündlichen Gegenständen und Stoffen hat stets so zu erfolgen, dass eine Entzündung nicht möglich ist.
- Gefährliche Bestandteile der Elektrotechnik müssen sich im Brandfall zügig und leicht ausschalten lassen. Die Abschaltung darf jedoch nur erfolgen, wenn diese Teile nicht an der Brandbekämpfung beteiligt sind und die Ausschaltung keine weiteren Gefahren hervorrufen kann.
- Feuerwehrpläne nach DIN 14095 sollten in jedem Betrieb ausreichend und gut einsehbar vorhanden sein.
- Im Brandfall stimmt sich der Anlagenbetreiber umfassend mit der Feuerwehr ab. Den Anweisungen der Feuerwehr ist unbedingt Folge zu leisten.

Damit aus einem Brand keine Katastrophe wird oder – und das hat höchste Priorität – kein Menschenleben infolge eines Brandes gefährdet wird, ist die Brandbekämpfung durch verschiedene Vorgaben, Richtlinien und Normen geregelt.

Für die Brandbekämpfung im Bereich elektrischer Anlagen greift die DIN VDE 0132. In einem ersten Schritt sollten alle Anlagenbetreiber und weitere Verantwortliche einen Brandfall möglichst verhindern bzw. vermeiden. Für den Fall, dass es dennoch zu einem Brand kommt, werden die wichtigsten Punkte aus der DIN VDE 0132 im Überblick vorgestellt.

Das A & O in der Brandbekämpfung: Die Vorbereitung

Verantwortliche einer elektrischen Anlage und Elektrofachleute sollten sich nicht erst im Brandfall Gedanken hinsichtlich der

Herangehensweisen und des Umgangs mit diesem machen. Besser ist es, jederzeit gut auf den Brandfall vorbereitet zu sein. Mit den Vorgaben aus der DIN VDE 0132 gelingt die Vorbereitung perfekt. Die DIN VDE 0132 beschreibt Maßnahmen zur Brandbekämpfung bei elektrischen Anlagen. Sie umfasst sowohl Regelungen zur Brandbekämpfung als auch zur technischen Hilfeleistung im Brandfall im Bereich elektrischer Anlagen. Weiterhin unterstützt sie bei der Unterrichtung von Personen, deren Zuständigkeit in der Bekämpfung von Bränden in elektrischen Anlagen und deren Nähe liegt. Auch Elektrofachkräfte fallen unter diesen Personenkreis. In der Norm werden Vorgaben zu den nachfolgend genannten Punkten genau definiert:

- Vorbereitende Schutzmaßnahmen gegen Brände in der Elektrotechnik
- Brandbekämpfung an Niederspannungsanlagen
- Löschmittel Wasser
- Brandbekämpfung mit Schaum
- Löschmittel mit Pulver
- Brandbekämpfung mit Kohlendioxid
- Brandbekämpfung in Bürobereichen
- Allgemeine Schutzmaßnahmen
- Spezielle Maßnahmen für Niederspannungs- und Hochspannungsanlagen
- Besondere Schutzmaßnahmen für Anlagen mit starken Magnetfeldern
- Auswahl und Anwendung von Löschmitteln
- Erste Maßnahmen bei Stromunfällen
- Zulässige Annäherungen bei Hoch- und Niederspannungsanlagen
- Technische Hilfeleistung bei besonderen Anlagen

Ergänzend zur DIN VDE 0132 benennt die DIN VDE 0105-100 die Pflicht zur Ergreifung der Maßnahmen wie sie in DIN VDE 0132 beschrieben sind. Die Brandbekämpfung nach DIN VDE 0132 ist also keineswegs freiwillig, sondern vorgeschrieben. Für jeden Betreiber von elektrischen Anlagen gilt außerdem die ungeschriebene Verpflichtung, eine aktuelle Fassung der DIN VDE 0132 an gut einsehbaren Stellen auszuhängen. Spätestens seit dem 1. Juli 2021 (Übergangsfrist) sollten die Verantwortlichen die alte Version in jedem Unternehmen durch die aktuelle Fassung ersetzt haben.

Vorbereitende Schutzmaßnahmen gegen Brände in der Elektrotechnik

- Fachgerecht angebrachte Kabelschottungen
- Fachgerechte Ergänzung von Kabelschottungen bei nachträglicher Installation
- Einsatzbereite und leicht zugängliche Löscheinrichtungen
- Regelmäßige Prüfung der Feuerlöscher (alle zwei Jahre)
- Freigabeverfahren für Feuerarbeiten wie z.B. Schweißen und Löten

Die wichtigsten Details der DIN VDE 0132 im Überblick

In der DIN VDE sind vorbereitende Maßnahmen für die Brandbekämpfung aufgeführt. Hierunter fallen sowohl die Aufgaben, Herangehensweisen und Verhaltensweisen des Anlagenbetreibers. Die drei wichtigsten Auflagen im Überblick:

1. Der Anlagenbetreiber hat stets eine wohlwollende Zusammenarbeit mit der Feuerwehr sowie anderen Fachkräften der technischen Hilfeleistung zu gewährleisten.

2. Der Betreiber einer elektrischen Anlage wirkt unterstützend bei der Erstellung der Einsatzpläne der Feuerwehr. Er klärt über mögliche Gefahrenpunkte auf, die Löscharbeiten beeinträchtigen oder behindern könnten.

3. Auch über mögliche clophen Transformatoren sowie andere Maßnahmen bei der Brandbekämpfung hat er die Feuerwehr zu informieren.

Brandbekämpfung nach DIN VDE 0132 an Niederspannungsanlagen

Falls im Bereich der Brandstelle erhebliche Zerstörungen der Niederspannungsanlagen zu erwarten oder bereits eingetreten sind, sind alle betroffenen Leitungen im Bereich der Brandstelle und Umgebung umgehend spannungsfrei zu machen. Vorrangig gilt das für alle Freileitungen. Eine Berührung mit herabfallenden Leitungen oder leitenden Metallteilen kann lebensgefährlich sein. Daher ist beim Annähern an den Brandort angesichts einer Erkundung oder Rettung ein Mindestabstand von 1 m bis 1.000 V AC (Wechselstrom) oder bis 1.500 V DC (Gleichstrom) einzuhalten.

Brandbekämpfung nach DIN VDE 0132 an Hochspannungsanlagen

Da die Gefahr, die im Brandfall von Hochspannungsanlagen ausgeht, deutlich höher ist als die Risiken von Niederspannungsanlagen, gelten hier besondere Regelungen. Die wichtigste Vorschrift aus der DIN VDE 0132, die dem Schutz von Menschenleben dient, lautet:

Schalt- und Umspannanlagen sowie alle Hochspannungsanlagen in geschlossenen Räumen dürfen ausschließlich in Gegenwart versierter zuständiger Elektrofachkräfte betreten werden. Das können Anlagenverantwortliche oder elektrotechnisch unterwiesene Personen sein, die unmittelbar am Einsatz beteiligt sind.

Wegen der gefährlich starken Spannung in Hochspannungsanlagen gelten hier höhere Annäherungsabstände als in Niederspannungsanlagen:

Netzspannung	Annäherungsbereich
Über 1 kV bis 110kV	3 Meter
Über 110kV bis 220kV	4 Meter
Über 220kV bis 380kV	5 Meter

Tabelle 5: Annäherungsbereiche in Hochspannungsanlagen

Eine der größten Gefahren bilden herabfallende Leitungen. Wer die Umgebung herabfallender Leitungen ohne ausreichend großen Abstand betritt, begibt sich in Lebensgefahr. Daher sehen die DIN VDE 0132 einen Mindestabstand von 20 Metern vor. Dieser Abstand gilt auch für Metallteile, wie beispielsweise Schienen, Zäune oder Geländer in Brandbereichen von elektrischen Anlagen.

Der Umgang mit Löschmitteln im Rahmen der DIN VDE 0132

Vor der Brandbekämpfung steht der Brandschutz. In der europäischen Norm DIN EN 2 „Brandklassen" wird für Brände in Gegenwart elektrischer Spannung keine eigenständige Brandklasse ausgewiesen. Der Anlagenbetreiber hat bereits im Vorfeld eine Gefährdungsbeurteilung erstellen zu lassen und Notfallmaßnahmen für den Brandfall festzulegen.

Verantwortliche für die Brandbekämpfung werden benannt und unterwiesen. Den Verantwortlichen wird ausreichend persönliche Schutzausrüstungen bereitgestellt. Weiterhin sind leicht entzündliche Stoffe und Gegenstände brandsicher zu lagern. Um die Gefährdungen bei der Brandbekämpfung in oder an elektrischen Anlagen gering zu halten, müssen auf der Gebrauchsanleitung des Feuerlöschers die zulässige Spannung und der einzuhaltende Mindestabstand angegeben sein.

Zusätzlich muss eine Brandschutzordnung nach DIN 14096 und ein Alarmplan aufgestellt bzw. aufgehängt werden. Regelmäßige

Brandschutzübungen und eine Unterweisung in der Handhabung von Löschmitteln sind unerlässlich für den Brandschutz in elektrischen Anlagen. Der Umgang mit Löschmitteln im Bereich elektrischer Anlagen ist gemäß DIN VDE 0132 ebenfalls streng geregelt. Fehler beim Löschvorgang in Hochspannungsanlagen können verheerende Folgen haben und Menschenleben kosten. So befolgen Fachleute im Brandbekämpfungsfall an Hochspannungsanlagen (auch Nieder-spannungsanlagen) die Vorgaben gewissenhaft, um das Risiko so gering wie möglich zu halten.

Löschmittel Wasser

Wasser ist seit jeher ein starker Leiter von Strom. Daher wird Wasser als Löschmittel bei unter Spannung stehenden Anlagen nur eingesetzt, wenn erhöhte Mindestabstände, wie unter den vorbereitenden Maßnahmen beschrieben, eingehalten werden. Eine erhöhte Gefahr für Einsatzkräfte, die Wasser als Löschmittel verwenden, besteht vor allem dann, wenn eine durchgehende Anbindung zwischen dem Löschwasser, dem unter Spannung stehenden Anlagenteil und der Einsatzkraft besteht. Daher wird ein feiner Sprühstrahl empfohlen.

Brandbekämpfung mit Schaum

Für die Brandbekämpfung mit Schaum gelten ähnliche Voraussetzungen wie bei der Löschung eines Brandes mit Wasser. Wer einen Brand im Bereich elektrischer Anlagen mit Schaum bekämpfen will, muss zuerst wichtige Vorsichtsmaßnahmen treffen, um sich selbst und andere Personen in der Nähe des Brandortes vor einem elektrischen, vermutlich sogar tödlichen, Stromschlag zu bewahren. Folgende Richtlinien gibt die DIN VDE 0132 bei Niederspannung und Hochspannung vor:

- Bei Niederspannung darf Löschschaum nur in spannungsbefreiten Anlagen eingesetzt werden. Aus

Sicherheitsgründen sind vor der Löschung zudem alle benachbarten Anlagen spannungsfrei zu halten. Typgeprüfte zugelassene Feuerlöschgeräte für den Einsatz in elektrischen Anlagen sind von dieser Beschränkung ausgenommen.

- Im Falle von Hochspannungsanlagen darf Löschschaum – ohne Ausnahme – nur an spannungsfreien Anlagenteilen eingesetzt werden. Auch benachbarte Anlagenteile müssen spannungsfrei sein.

Löschmittel Pulver

Pulver-Löschmittel finden im Bereich elektrischer Anlagen nur unter bestimmten Bedingungen Verwendung. Denn die Gefahr ist, dass Löschpulver auf Isolatoren unter Einfluss höherer elektrischer Spannungen (wie Hochspannung über 1 kV) leitfähig werden kann. Dies wiederum hat kurzschlussartige Ströme zur Folge, welche Menschenleben gefährden oder sogar kosten könnten. An in Brand geratenen Anlagenteilen könnte ein Brand möglicherweise weiter angefacht werden. Daher gilt: Der Einsatz von Löschpulver darf nur mit Zustimmung des Betreibers erfolgen.

Brandlöschung mit Kohlendioxid

Kohlendioxid ist ein Löschmittel, das im Brandfall gerne an elektrischen Anlagen verwendet wird. Es ist nichtleitend. Zudem hinterlässt es keine Löschrückstände. Dennoch sollten unbedingt die Gefahrenhinweise auf den Löschgeräten beachtet werden. Die Löschvorgänge mit Kohlendioxid unterliegen nämlich einem gefährlichen Paradoxon: Bei der Verwendung in Außenanlagen verflüchtigt sich Kohlendioxid schnell und verliert damit seine vollständige Wirkung. Bei der Verwendung in engen sowie schlecht belüfteten Innenräumen droht Lebensgefahr.

Brandbekämpfung in Bürobereichen

Handfeuerlöscher können lebensrettend sein. Daher sollten diese gut sichtbar und in ausreichender Anzahl an bestimmten Bereichen der Büroräume platziert sein. Auch die Verwendung von Feuerlöschern sollte zumindest einem Teil der Mitarbeiter, wie beispielsweise dem Brandschutzbeauftragten eines Unternehmens, geläufig sein.

Gemäß DIN VDE 0132 stellen Handfeuerlöscher in Bürobereichen und ähnlichen Räumen keine Gefahr für Laien dar, sofern die nachstehenden Voraussetzungen erfüllt sind:

- Ausschließlich tragbare Handfeuerlöscher gemäß DIN EN 3-1:1996-07 verwenden,
- nur Sprühstrahl aus Sprühstrahldüse,
- ausschließlich normales Leitungswasser ohne jegliche Zusätze und
- 1 Meter Mindestabstand bei Löschung.

Maßnahmen nach einem Brandfall in elektrischen Anlagen

Kommt es trotz umfangreicher präventiver Brandschutzmaßnahmen zu einem Brand im Bereich elektrischer Anlagen, ist eine enge Zusammenarbeit zwischen Feuerwehr und Anlagenbetreiber notwendig. Geregelt ist die Brandbekämpfung im Bereich elektrischer Anlagen wie erwähnt in DIN VDE 0132. Der Anlagenbetreiber hat die Feuerwehr über besondere Gefährdungen und Schwierigkeiten aufzuklären.

Zusätzlich sind elektrische Anlagen außer Betrieb zu nehmen, die in Gefahr stehen, durch Löschwasser, Rohrbrüche oder Hochwasser überflutet zu werden. Ist eine Überflutung bereits eingetreten, ist ein Betreten der Bereiche erst nach Freigabe wieder zulässig. Grundsätzlich sollte allerdings so wenig wie möglich abgeschaltet werden. Das gilt insbesondere bei Bränden in elektrischen Anlagen wie Elektrizitätsversorgungsnetzen und dezentralen Stromversorgungsanlagen, sodass die Stromversorgung bestmöglich gewährleistet bleibt.

Im oder nach einem Brandfall gibt es für den Betreiber elektrischer Anlagen weitaus mehr zu tun, als durch Normen und Regelungen vorgegeben ist. Er trägt das Höchstmaß an Verantwortung und sollte dieser gewissenhaft nachkommen. Die fünf wichtigsten Punkte, die der Anlagenbetreiber nach einem Brandfall beachten sollte, sind:

1. Ein Zutrittsverbot für Unbefugte zum Brandort oder seiner Umgebung ist verpflichtend.
2. Der Anlagenbetreiber hat für Betriebsmittel und Geräte in der Nähe des betroffenen Bereiches eine Wiederinbetriebnahme zu genehmigen.
3. Vor dem erstmaligen Zutritt zum Brandort (ohne Atemschutz) im Anschluss an die Brandbekämpfung sind die betroffenen Orte ausreichend zu belüften. Nur so kann gewährleistet werden, dass sich keinerlei giftige oder zersetzende Produkte mehr in den Räumen verteilen.
4. Unter Spannung stehende Anlagenteile sind umgehend und umfassend gegen Berührung zu sichern.
5. Mögliche Pulverbeläge auf Isolatoren müssen unter Einhaltung aller Vorsichtsmaßnahmen beseitigt werden.

Zulässige Annäherungen bei Hoch- und Niederspannungsanlagen

Die Sicherheitsabstände im Brandfall bei elektrischen Anlagen sind für Hoch- und Niederspannungsanlagen in der DIN VDE 0132 Norm genau definiert.

Niederspannungsanlagen: Der Sicherheitsabstand bei Niederspannungsanlagen beträgt 1 Meter bei Anlagen bis 1.000 V AC bzw. 1.500 V DC. Die Abstände bei Niederspannungsanlagen beziehen sich auf die Annäherung an Niederspannungs-Anlagenteile, die unter Spannung stehen. Zur Annäherung zählen z.B. das Erkunden oder Retten von Personen im Brandfall. Generell gilt, dass bei einem Brand Niederspannungsanlagen spannungsfrei geschaltet werden müssen. Herabgefallene Teile bzw. Leitungen dürfen nicht berührt werden.

Hochspannungsanlagen: Bei dem Brand einer Hochspannungsanlage sind folgende Mindestabstände einzuhalten:

- mehr als 1 kV bis 110 kV = 3 Meter
- mehr als 110 kV bis 220 kV = 4 Meter
- mehr als 220 kV bis 380 kV = 5 Meter

Nur in bestimmten Ausnahmefällen erlaubt die DIN VDE 0132 geringere Sicherheitsabstände. Für am Boden liegende Leitungen ist ein Mindestabstand von 20 Metern einzuhalten. Zusätzlich zum Mindestabstand darf die Hochspannungsanlage einer abgeschlossenen elektrischen Betriebsstätte – auch im Brandfall – nur betreten werden, wenn mindestens eine der folgenden Personen anwesend ist:

- Zuständige Elektrofachkraft
- Elektrotechnisch unterwiesene Person
- Unmittelbar am Einsatz beteiligte Personen wie z. B. die Feuerwehr

Technische Hilfeleistung bei besonderen Anlagen

Als besondere elektrische Anlagen gelten zum Beispiel Photovoltaik-Anlagen, Batterieanlagen und Anlagen mit Brennstoffzellen. Für diese besonderen elektrischen Anlagen gelten gesonderte Vorschriften der DIN VDE 0132.

Photovoltaik-Anlagen: Alle Anlagen müssen die erforderlichen Sicherheitsabstände erfüllen und der Anlagenbetreiber hat zudem auf mögliche Restspannung zu achten.

Batterieanlagen: Auch unter Last dürfen sich keine Sicherungen ziehen lassen. Kabel und Leitungen dürfen nicht getrennt werden.

Lithium-Ionen-Akkumulatoren: Im Brandfall dürfen nur die Einsatzkräfte den Gefahrenbereich betreten. In den Lagerstätten müssen Maßnahmen zur Löschwasserrückhaltung vorhanden sein. Klima- und Lüftungsanlagen dürfen den Rauch nicht im Gebäude verteilen. Weiterhin müssen die erforderlichen Mindestabstände eingehalten werden.

Anlagen mit Brennstoffzellen: Bei Anlagen mit Brennstoffzellen muss die Brennstoffzufuhr unterbrochen, sowie der Notschalter ausgelöst werden. Es ist zudem sicherzustellen, dass kein restlicher Brennstoff vorhanden ist.

Stromerzeugungsaggregate: Der Notschalter ist zu betätigen, der Stromerzeuger auszuschalten und die Brennstoffzufuhr zu unterbrechen. Eventuelle Spannung, die bis zum Stillstand aufkommen können, sind zu berücksichtigen.

Ausschluss der Geltung der DIN VDE 0132

Zum sicheren Betrieb einer elektrischen Anlage müssen Maßnahmen zum Brandschutz sowie zur Brandbekämpfung durch den Anlagenbetreiber geschaffen werden. Das ist in Abschnitt 4.1.111 „Brandschutz und Brandbekämpfung" der DIN VDE 0105-100:2015-10 „Betrieb von elektrischen Anlagen – Teil 100: Allgemeine Festlegungen" festgelegt. In diesem Abschnitt wird unmittelbar auf die DIN VDE 0132 sowie die DIN VDE 0105-100 im informativen Abschnitt B.4 verwiesen.

Die DIN VDE 0132 gilt nicht in folgenden drei Anwendungsbereichen:

1. Für die Errichtung sowie den Betrieb ortsfester Löschanlagen,
2. Für Anlagen zur Beregnung, Wasserwerfer und ähnliche Löschmaßnahmen,
3. Für spezielle Löschmaßnahmen, wie z.B. die Flutung von Kabelkanälen mit Wasser oder Löschschaum.

Für elektrische Anlagen mit einer Nennspannung bis 50 V Wechselspannung (AC) oder bis 120 V Gleichspannung (DC) gelten die in der DIN VDE 0132 angegebenen Werte für Mindestabstände für Annäherung und Löschmitteleinsatz ebenfalls nicht.

Wenn brennbare Stoffe – etwa brennbare Lösungsmittel, Benzindämpfe oder auch Holz und Kunststoffe – im Arbeitsbereich vorhanden sind, besteht grundsätzlich Brandgefahr.

Brandgefährdungen, wie auch die entsprechenden zu ergreifenden Maßnahmen zum Brandschutz sind in der ASR2.2 und in der TRGS 800 beschrieben. Bereiche, in denen eine **erhöhte Brandgefahr** besteht, sind beispielsweise Werkstätten für KFZ-Reparatur oder im Rahmen der Holzverarbeitung. Auch überall dort, wo Holz, Pappe und Papier in größeren Mengen gelagert wird bzw. in denen brennbare und lösemittelhaltige Produkte eingesetzt und gelagert werden, ist von einer höheren Gefahr auszugehen. In diesen Bereichen ist der Umgang mit offenem Licht und das Rauchen untersagt. Nach der ASR A1.3 „Sicherheits- und Gesundheitsschutzkennzeichnung" müssen in den Räumen und am Eingang entsprechende Hinweise (Schilder) angebracht werden.

Bereiche, in denen eine explosionsfähige Atmosphäre auftreten kann, beispielsweise durch ein Gemisch aus Luft und brennbaren Nebel, Gasen, Dämpfen oder Stäuben in einer gefahrdrohenden Menge und einer Zündquelle, sind **explosionsgefährdete Bereiche**. Dies ist u.a. dort der Fall, wo brennbare Flüssigkeiten und Gase gelagert werden, lösemittelhaltige Produkte und/oder Lösemittel mit einem Flammpunkt unter 23°C verarbeitet bzw. mit höherem Flammpunkt zusätzlich versprüht oder erwärmt werden, oder bei einer Freisetzung von Holz- oder Leichtmetallstäube im Zuge der Verarbeitung.

Die Technischen Regeln für Betriebssicherheit (TRBS) dienen als Grundlage, wenn es darum geht, die geeigneten Maßnahmen zur Explosionsverhütung zu treffen bzw. die nötigen Anforderungen zu finden. Die erforderlichen Schutzmaßnahmen bezüglich der explosionsgefährdeten Bereiche sind in der Gefährdungsbeurteilung sowie im Explosionsschutzdokument festzulegen. Deren Durchführung ist unbedingt zu gewährleisten.

Lösemittelhaltige Farben, Klebstoffe und Lacke, Sprays und brennbare Stoffe zählen u.a. zu den **brennbaren Stoffen und Gemischen**. Diese können auch durch das Arbeitsverfahren entstehen oder freigesetzt werden. Zu beachten ist, dass beim Versprühen von Stoffen und Gemischen mit hohem oder keinem Flammpunkt ebenfalls entzündbare Nebel gebildet werden können.

Daneben muss die Umgebungstemperatur berücksichtigt werden: Entzündbare Stoffe und Gemische, die über ihren Flammpunkt erwärmt werden, sind als leicht entzündbare Stoffe und Gemische zu betrachten. Darüber hinaus gibt es Stoffe, die selbstentzündbar sind, wie etwa organische Abfälle. Hier kann eine Brand- oder auch Explosionsgefahr bestehen.

Ein Unternehmen hat im Zuge der **Gefährdungsbeurteilung im Hinblick auf eine Brandgefahr** festzustellen, ob bei den verwendeten Stoffen und Gemischen sowie den Erzeugnissen und Ergebnissen aus der Tätigkeit, wobei auch die Arbeitsmittel, die Arbeitsumgebung sowie die Verfahren zu berücksichtigen sind, eine Brandgefahr besteht.

Folgende Punkte sind hier wesentlich:

- In welchen Mengen oder Konzentrationen sind gefährlichen Stoffe vorhanden? Natürlich ist es besser, Produkte einzusetzen, die nicht entzündbar sind; leicht entzündbare Treibgase wie Butan oder Propan führen bei einer Entzündung zu schweren Unfällen.
- Gibt es Zündquellen oder Bedingungen, die einen Brand verursachen können?

- In welchem Ausmaß können sich Brände auf die Gesundheit und die Sicherheit der Beschäftigten auswirken? Tatsache ist, dass bei Bränden Brandgase freigesetzt werden, die die Gesundheit gefährden, etwa Blau- oder auch Salzsäure, Kohlendioxid oder Kohlenmonoxid.

Die erforderlichen Informationen bezüglich einer Gefährdungsbeurteilung für chemische Produkte sind dem Sicherheitsblatt und dem Technischen Merkblatt des Herstellers zu entnehmen.

Wenn es um die **Einstufung und Kennzeichnung von Stoffen und Gemischen** geht, gibt das Kennzeichnungsetikett auf dem Gebinde den ersten Aufschluss. Die europäische Kennzeichnungsverordnung (CLP-Verordnung) regelt die Einstufung, Kennzeichnung und Verpackung von Stoffen und Gemischen.

Die entsprechenden Kriterien für entzündbare Flüssigkeiten zeigt die folgende Tabelle auf:

Einstufung und Kennzeichnung für entzündbare Flüssigkeiten						
Einstufungs-kriterien		Einstufung		Kennzeichnung		
Flamm-punkt F [°C]	Siede-punkt [°C]	Gefahren-klasse und -kategorie	H-Satz	Gefahren-piktogramm	Signal-wort	H-Satz
< 23	≤ 35	Flam. Liq. 1	H224		Gefahr	H224 Flüssigkeit und Dampf extrem entzündbar
< 23	> 35	Flam. Liq. 2	H225		Gefahr	H225 Flüssigkeit und Dampf leicht entzündbar
23 ≤ F ≤ 60		Flam. Liq. 3	H226		Achtung	H226 Flüssigkeit und Dampf entzündbar

Tabelle 6: Einstufungskriterien für entzündbare Flüssigkeiten

Für gewerbliche, nicht aber für Verbraucherprodukte gilt: Spätestens bei der ersten Lieferung von als gefährlich eingestuften Stoffen und Gemischen, muss ein **Sicherheitsdatenblatt** zur Gefährdungs-beurteilung und für die Erstellung von Betriebsanweisungen übermittelt werden.

Im 2. Abschnitt erfolgt die Angabe der Einstufung, die Kennzeichnung und die sonstigen Gefahren der Stoffe und Gemische.

Abschnitt 3 gibt die gefährlichen Inhaltsstoffe des Gemisches mit der entsprechenden Einstufung an. Die Maßnahmen zur Brandbekämpfung mit den jeweils geeigneten Löschmitteln sowie den gefährlichen Verbrennungsprodukten sind in Abschnitt 5 zu finden.

Die sicherheitstechnischen Kennzahlen u.a. finden sich in Abschnitt 9.

In den Technischen Merkblättern des Herstellers sind weitere Hinweise zu den Tätigkeiten mit den Stoffen und Gemischen sowie zu Brandgefährdungen nachzulesen. Die Gefahrstoffe und Verbrauchsmengen, die in einem Betrieb verwendet werden, sind im Gefahrstoffverzeichnis aufgeführt. Der dortige Verweis auf die entsprechenden Sicherheitsblätter muss den Beschäftigten ausgehändigt werden.

Maßnahmen zum Brandschutz gibt es unterschiedliche. Sie sind im Folgenden erläutert.

Besondere Kriterien gibt es für **Fluchtwege**, also Notausgänge, Flure und Treppenräume. Entscheidend hierbei ist, dass der Weg ins Freie möglichst kurz sein muss oder zumindest in einen gesicherten Bereich führt. Auch dürfen sie nicht für die Lagerung oder dem Abstellen von Gegenständen oder Materialien genutzt werden. Für die Feuerwehr und für Rettungskräfte sind sie zum Transport von Verletzten stets freizuhalten.

Der Begriff „Fluchtweg" entspricht nach dem Arbeitsstättenrecht dem Begriff „Rettungsweg" im Baurecht. Hinsichtlich der Anzahl und Lage der Fluchtwege und der Beurteilung der Gefährdung ist die Art des Betriebes entscheidend bzw. die von der Bauart der Gebäude oder seiner Fertigung abhängige Brand- und Explosionsgefahr. Das Baugenehmigungsverfahren oder das Brandschutzkonzept legt die Ausgänge und Rettungswege fest. Weitere Anforderungen können sich aus dem Arbeitsstättenrecht ergeben.

Folgende Punkte sind im Zusammenhang mit Flucht- und Rettungswegen von Bedeutung:

- Eine Kennzeichnung der Flucht- und Rettungswege und der Notausgänge ist entsprechend der Technischen Regel für Arbeitsstätten „Sicherheits- und Gesundheitsschutzkennzeichnung" vorzunehmen.
- Entsprechend der Beurteilung der Gefährdungen müssen Türen von Notausgängen in Fluchtrichtung aufschlagen. Bei Türen, die im Verlauf eines Fluchtweges liegen, ist dies geboten, jedoch keine Vorschrift.
- Eine barrierefreie Gestaltung der Flucht- und Rettungswege ist zu beachten.
- Solange Personen im Falle einer Gefahr auf den Fluchtweg angewiesen sind, müssen sich die Türen von innen problemlos und schnell öffnen lassen. Ein Notausgang, der verschlossen ist und dessen Schlüssel sich in einem Kasten neben der Tür befindet, ist unzulässig.

Überdies ist es vorgeschrieben, dass Fluchtwege mit einer **Sicherheitsbeleuchtung** ausgestattet sind, da ein Ausfall der allgemeinen Beleuchtung ein ungefährdetes Verlassen der Arbeitsstätte nicht gewährleistet.

Eine solche Sicherheitsbeleuchtung kann erforderlich sein bei Arbeitsstätten

- mit hoher Geschosszahl und/oder Personenbelegung,
- ohne Beleuchtung mit Tageslicht (etwa in Kellerräumen),
- in Benutzung von ortsunkundigen Personen,
- welche als Halle oder Verkaufsgeschäfte dienen und in denen große Räume durchquert werden müssen.

Näheres zu der Installation und Planung der Sicherheitsbeleuchtung kann der alten Fassung der Technischen Regel für Arbeitsstätten „Sicherheitsbeleuchtung, optische Sicherheitsleitsysteme" (ASR A3.4/7) entnommen werden. Diese wurde inzwischen aufgehoben. Die neuen Regelungen finden sich nun in der ASR A2.3 Fluchtwege und Notausgänge.

Hinsichtlich der **Sicherheits- und Gesundheitsschutzkennzeichnung** gilt, dass Bereiche, die feuer- und explosionsgefährdet sind, klar erkennbar als solche gekennzeichnet werden müssen, wobei auch ein Hinweis darauf erfolgen muss, dass das Rauchen und der Umgang mit Feuer und Licht verboten sind. Auch Notausgänge und -ausstiege, Fluchtwege sowie Türen im Verlauf vor Fluchtwegen müssen deutlich und dauerhaft gekennzeichnet werden. Dasselbe gilt für Feuermelde- und Feuerlöscheinrichtungen. Die Technische Regel für Arbeitsstätten „Sicherheits- und Gesundheitsschutzkennzeichnung" (ASR A1.3) legt die Farbe, Form und Symbole der Verbots-, Warn-, Gebots- und Rettungszeichen der Kennzeichnungen fest.

Dem Unternehmen obliegt die Pflicht, die Beschäftigten regelmäßig auf die Sicherheitskennzeichnungen hinzuweisen und ihre Bedeutung zu erläutern. Dabei soll auf die Gefahren in Bezug auf ihre Tätigkeit, sowie über die Maßnahmen zur Prävention und das Verhalten im Falle einer Gefahr hingewiesen werden. Die Anweisung sollte in Anpassung an den Arbeitsplatz, den Arbeitsumfang und auch an das Verständnis der Beschäftigten erfolgen, also in verständlicher Form und Sprache durchgeführt werden.

Diese **Betriebsanweisung und Unterweisung** muss laut Arbeitsschutzgesetz mindestens einmal pro Jahr erfolgen und bezüglich des Zeitpunkts und des Inhalts schriftlich fixiert und von den Unterwiesenen unterschrieben werden.

Brennbare Stoffe zu transportieren und zu lagern birgt zahlreiche Gefahren. Aus diesem Grund gibt es hierfür strenge

Vorschriften. So müssen Fahrzeuge, die gefährliche Stoffe transportieren, dafür geeignet sein und mit entsprechenden Sicherheitseinrichtungen für die Ladung und die Aufbauten ausgerüstet sein, sodass die Ladung gesichert und gekennzeichnet ist.

Sowohl nationale als auch internationale Vorschriften regeln den Transport gefährlicher Stoffe und Güter. Details hierzu finden sich in der „Gefahrverordnung Straße, Eisenbahn und Binnenschifffahrt" (GGVSEB).

Das Unternehmen hat die Pflicht zur Ermittlung sämtlicher Gefährdungen, die infolge der Lagerung brennbarer Flüssigkeiten auftreten können. In den entsprechenden Sicherheitsdatenblättern finden sich sämtliche Informationen und Bestimmungen zur Lagerung dieser Flüssigkeiten.

Als Grundlage für die Erstellung der Gefährdungsbeurteilung sind die folgenden Technischen Regeln zu nutzen:

- ASR V3: „Gefährdungsbeurteilung"
- ASR A2.2: „Maßnahmen gegen Brände"
- ASR A2.3 „Fluchtwege und Notausgänge"
- TRGS 400 „Gefährdungsbeurteilung für Tätigkeiten mit Gefahrstoffen"
- TRGS 509: „Lagern von flüssigen und festen Gefahrstoffen in ortsfesten Behältern sowie Füll- und Entleerstellen für ortsbewegliche Behälter"
- TRGS 510: „Lagerung von Gefahrstoffen in ortsbeweglichen Behältern"
- TRGS 727: „Vermeidung von Zündgefahren infolge elektrostatischer Aufladungen"
- TRGS 800: „Brandschutzmaßnahmen"
- TRBS 2152, Teil 2 / TRGS 722: „Vermeidung oder Einschränkung gefährlicher explosionsfähiger Atmosphäre"

- TRBS 2152, Teil 3: „Vermeidung der Entzündung gefährlicher explosionsfähiger Atmosphäre"

Brennbare Flüssigkeiten müssen von brandfördernden Flüssigkeiten unbedingt getrennt gelagert werden. Außerdem müssen sie technisch überwacht und durch geschultes Personal instandgehalten werden; etwaige Mängel sind umgehend zu beseitigen. Wichtig ist es auch, dass Löschmittel bereitgestellt werden, und freie Wege für einen Feuerwehreinsatz sowie entsprechende Brandschutzeinrichtungen vorhanden sind.

Hinsichtlich der Lagerung von leicht entzündlichen Gasen muss beachtet werden, dass die Verschlüsse der Füllstellen und die lösbaren Rohrleitungsverbindungen undicht sein können. Dies gilt für die Lagerung von brandfördernden Gasen, Druckluft- und Druckgasbehältern mit leicht entzündbaren Gasen und für Füllanlagen. Werden Druckgasbehälter mechanisch beschädigt oder unzulässig hoch erwärmt, können sie zerspringen oder unkontrolliert durch die Luft fliegen. Deshalb sollten sie entsprechend geschützt gelagert werden.

Wird mit **brennbaren Stäuben** gearbeitet, sind ebenfalls dementsprechende bestimmte **Brandschutzmaßnahmen** erforderlich. Durch Aufwirbelung können brennbare aufgelagerte Stäube eine explosionsfähige Atmosphäre bilden. Folglich ist dafür zu sorgen, dass die Stäube regelmäßig entfernt werden. Eine Maßnahme besteht darin, dass Staubsauger, die explosionsgeschützt und zündquellenfrei sind, eingesetzt werden. Auch Nassreinigungsverfahren können zum Einsatz kommen.

Inwieweit eine Explosionsgefahr bei brennbaren Stäuben besteht, kann mithilfe der Richtlinie VDI 2263 Blatt 6 „Staubbrände und Staubexplosionen; Brand- und Explosionsschutz an Entstaubungsanlagen" beurteilt werden.

Besonders brandgefährdend sind Heiß- und Feuerarbeiten, z.B. Schweiß-, Schneid- und Lötarbeiten oder die Erhitzung von Stoffen. Bevor man diese Tätigkeiten durchführt, sollte man prüfen, ob es womöglich auch andere Verfahren gibt, die ohne jede Zündgefahr verlaufen.

Die für die entsprechende Brandklasse geeigneten Feuerlöscher müssen bereitgestellt werden. Die diese Tätigkeit ausführende Person braucht für ihre Handhabung eine theoretische und praktische Unterweisung, um diese Geräte wirkungsvoll einsetzen zu können.

Beim Löten mit Flamme ist ein Radius zu allen Seiten von min 2 Metern sicherzustellen. Beim Schweißen (manuelles Gas- u. Lichtbogenschweißen) wird der Radius um die Quelle bereits auf mindestens 8 Meter erweitert. Beim thermischen Trennen sollte der Radius auf mindestens 10 Meter erweitert werden.

Maßnahmen zum Schutz vor Brandgefahr liegen hier etwa darin, dass Schweiß- und andere Heißarbeiten nur von Beschäftigten über 18 Jahren durchgeführt werden dürfen, die zudem hinsichtlich der jeweiligen Tätigkeit unterwiesen wurden und damit vertraut sind.

Äußerst wichtig ist es überdies, sämtliche involvierten Arbeitsgeräte nach ihrer Sicherheit und dem ordnungsgemäßen Zustand zu prüfen:

- Stehen die Gasflaschen sicher und fest?
- Sind die Gasschläuche unbeschädigt?
- Funktionieren die Manometer einwandfrei?
- Ist das Absperrventil im Falle einer Brandgefahr sicher zu erreichen?

Auch ist es unbedingt erforderlich, brennbare Stoffe und Gegenstände (auch solche Stoffe und Gegenstände, die mit dem

Gebäude fest verbunden sind, also z.B. Isoliermaterial) vor und während der Heiß- und Feuerarbeiten zu entfernen. Die restlichen brennbare Stoffe, Gegenstände oder Bauteile müssen überdies abgedeckt werden (etwa mittels Planen oder auch Sand).

Die Öffnungen zu benachbarten Bereichen müssen abgedichtet sein, Bodenöffnungen, Fugen, Mauerdurchbrüche Ritzen, Decken- oder Wandöffnungen müssen verschlossen werden.

Eine Brandwache sollte diejenigen Bereiche, die brandgefährdet sind, während der Arbeiten kontrollieren, die Brände bekämpfen und melden. Auch nach Beendigung der Arbeiten ist es wichtig, die Arbeitsstelle und die sie umgebenden Bereiche regelmäßig zu kontrollieren. Diese und andere Sachverhalte müssen vor Arbeitsbeginn geprüft werden.

Das Unternehmen muss festlegen, ob im Zusammenhang mit der Beurteilung der Gefährdung für die Durchführung der Heiß- und Feuerarbeiten eine schriftliche Erlaubnis der Unternehmensleitung oder einer dafür verantwortlichen Person erforderlich ist. In dieser Erlaubnis werden die Sicherheitsmaßnahmen für die jeweilige Tätigkeit festgelegt. Für eine klare Dokumentation sollte diese Genehmigung über einen Zeitraum von mindestens zehn Jahren aufbewahrt werden.

12. CO2-Feuerlöscher in Räumen

Der Einsatz von CO2-Feuerlöschern, d.h. mit Kohlendioxid, in Innenräumen unterliegt strengen Einschränkungen, da er unter bestimmten Bedingungen, wie zu Beginn erläutert, lebensgefährlich sein kann. Die Nutzung der CO2- Feuerlöscher in Räumen ist in der **DGUV-Information 205-034** geregelt.

Das Löschmittel Kohlendioxid (CO_2) wird hauptsächlich in Elektro- und EDV-Räumen genutzt. Beim Einsatz des CO2-Feuerlöschers kommt es zu einer Sauerstoffverdrängung im Raum, die eine Löschwirkung auslöst. Wird ein CO2-Feuerlöscher in einem engen Raum genutzt, entsteht bei einer höheren Konzentration von CO2 Lebensgefahr. Bei einer Anwendung gelangt Kohlendioxid in die Luft, wodurch die Konzentration des Stoffes im Raum zügig stark ansteigt. Ab einem Volumen-Prozent von 8 besteht bereits Erstickungsgefahr für jeden, der sich im Raum befindet. Die Anzeichen dafür sind Atemnot sowie ein verstärkter Atemantrieb. Folglich ist die Anwendung auf größere Räume und unter der Einhaltung strenger Sicherheitsvorschriften beschränkt.

Daneben ist der richtige Gebrauch der Feuerlöscher wesentlich. Die möglichen Nutzer sollten sachgemäß geschult werden und den Umgang mit den Feuerlöschern sicher beherrschen. Es sollten unbedingt die Hinweise der DGUV beachtet werden.

Weiterhin muss für einen sicherheitsgewährleistenden Gebrauch des Feuerlöschers eine bestimmte Grundfläche für die löschende Person frei und vorhanden sein. Pro einem Kilogramm CO2-Löschmittel sollte diese 5,5m² für eine Person betragen. Handelt es sich also um einen CO_2-Feuerlöscher mit 2kg, so wird eine Grundfläche benötigt, die mindestens 11 m² groß ist. Bei einem 5 kg CO_2-Feuerlöscher erhöht sich die freie Grundfläche auf 27,5 m² und entsprechend weiter. Diese Vorgaben müssen bei der Nutzung unbedingt eingehalten werden. Bei der Gefährdungsbeurteilung für den eigenen Betrieb müssen unbedingt die CO_2-Feuerlöscher im Verhältnis zur Größe der jeweiligen Räume überprüft werden. Werden diese Vorgaben nicht eingehalten, so sind die Feuerlöscher auszutauschen oder es müssen andere Maßnahmen getroffen werden. Eventuell ist dann ein Rückgriff auf alternative Löschmittel erforderlich, zudem könnten solche Löscheinrichtungen eingebaut werden, deren Betätigung von außen möglich ist. Damit ließe sich das Risiko einer Kohlendioxid Vergiftung im Raum minimieren.

Die DGUV-Information 205-034 stellt gesetzlich verbindliche Hinweise dar, die in jedem Fall beachtet werden müssen. Es geht hier vor allem um die Gefährdungsermittlung und die Ausrüstung und Planung von Räumen mit CO2-Löscheinheiten. Auch das richtige Sicherheitskennzeichen und das korrekte Verhalten beim Löschen mit den CO2-Feuerlöschern wird hier beschrieben.

Wissenswertes zum Einsatz von CO2 Feuerlöschern in Innenräumen

Es wurde bereits mehrmals der Begriff „freie Grundfläche" erwähnt. Bei der Ermittlung dieser ist die Bodenfläche entscheidend, die frei und sichtbar ist. Dazu zählen auch diejenigen Flächen, die durch Tische, offene Regale oder Stühle zugestellt sind. CO2-Feuerlöscher werden vor allem in elektrischen Anlagen verwendet, sowie in anderen sensiblen Anlagen oder auch in Rein- bzw. Reinsträumen. Es handelt sich bei ihnen um die einzige Art von Feuerlöschern, die eine völlig rückstandslose Löschung gewährleisten. Somit verbleiben keine Reste des Löschmittels in der Luft. Das hat den Vorteil, dass die sensiblen Anlagen nicht durch das Löschmittel beschädigt oder verunreinigt werden. Ein weiterer Vorteil von CO2, durch den eine Nutzung in elektrischen Anlagen vorwiegend befürwortet wird, ist, dass Kohlendioxid elektrisch nichtleitend ist. Daher ist es natürlich ideal geeignet, um in diesen Anlagen zum Einsatz zu kommen.

Die rasche Verflüchtigung des CO_2 in der Luft schränkt jedoch gleichzeitig seine Wirkung im Freien oder auch in großen, offenen Räumen stark ein, so dass eine Anwendung an dieser Stelle nicht zu empfehlen ist.

Ein weiterer Vorteil der CO_2-Feuerlöschern ist, dass diese sehr wartungsarm und umweltfreundlich sind. Sie funktionieren in einem Temperaturbereich von -30 °C bis hin zu +60°C.

Besonders gut geeignet sind die Feuerlöscher für das Löschen von Bränden, welche durch flüssige Stoffe entstanden sind (Brandklasse B).

Auf Folgendes sollte vor der Nutzung der Feuerlöscher unbedingt geachtet werden:

In schlecht belüfteten und engen Räumen ist extreme Vorsicht geboten. Hier besteht vor allem eine große Gefährdung für die löschende Person. Ein Kontakt mit dem austretenden Löschmittel sollte unbedingt vermieden werden. Es tritt sehr kalt aus, wodurch es zu Kälteverbrennungen auf der Haut kommen kann. Die Löschung verursacht eine Verteilung des CO_2 im Raum. Da dieses schwerer als die Luft in der Umgebung ist, sinkt es anschließend auf den Boden. Hierdurch ist die CO_2- Konzentration in Bodennähe höher. Um Folgeschäden zu vermeiden, sollte die Löschung unbedingt in aufrechter Haltung erfolgen.

Auch beim Platzieren des CO_2-Feuerlöschers sollten einige Sicherheitshinweise beachtet werden. Die Feuerlöscher stehen unter sehr hohem Druck. Deshalb verfügen sie über eine Sicherheitseinrichtung, die gegen den hohen Innendruck schützt. Bei der Lagerung sollte der CO_2-Feuerlöscher daher unbedingt gegen das Umfallen gesichert sein. Hierzu dient eine Wandbefestigung, die für einen sicheren und festen Stand sorgt. Der Tragegriff des Feuerlöschers sollte sich beim Stand an der Wand etwa 80 bis 120 cm über dem Boden befinden.

Feuerlöscher dürfen zudem keiner direkten Sonnenstrahlung ausgesetzt werden. Die Umgebungstemperatur darf zudem nicht unter -30 °C oder über 60 °C fallen.

Während des Löschvorganges selbst sollten die folgenden Dinge beachtet werden:

Zunächst muss die freie Grundfläche eingehalten werden. Ist dies der Fall, kann eine Löschung mittels CO2-Feuerlöschers erfolgen. Dabei dürfen sich keine weiteren Personen im Raum aufhalten. Beim eigentlichen Löschvorgang sollte der Feuerlöscher möglichst nah am Brandherd betätigt werden. Eine Eigengefährdung ist jedoch zu vermeiden. Der Löschvorgang sollte unbedingt stehend durchgeführt werden. Das Aufbrauchen des gesamten Inhaltes ist erforderlich, um die größtmögliche Löschwirkung zu erzielen. Es darf nur die Löschmittelmenge verwendet werden, die für den Raum geeignet ist. Ist die Auswahl des entsprechenden Feuerlöschers im Vorfeld erfolgt, ist dies der Fall. Direkt im Anschluss an die Löscharbeiten sollte der Raum sofort verlassen und die Tür verschlossen werden. Zusätzlich ist sicherzustellen, dass keine weiteren Personen den Raum betreten. Deshalb sollte nach dem Löschen in sicherer Entfernung vor dem Raum gewartet werden, bis die Feuerwehr eintrifft.

Kann nicht im Raum gelöscht werden, weil dieser zu klein ist und damit die Gefährdung für die löschende Person zu erheblich, so kann eine Löschung durch den Türspalt erfolgen. Dabei sollte die Tür gerade so weit geöffnet werden, dass die Löschdüse knapp durch den Türspalt passt. Auch bei dieser Löschung sollte der komplette Inhalt verbraucht und in Richtung des Brandes gelöscht werden. Anschließend ist auch hier die Tür wieder vollständig zu verschließen, andere Personen am Betreten zu hindern und auf die Feuerwehr zu warten. Dasselbe gilt für Löschungen durch die geöffnete Tür.

Räume, in denen CO2-Feuerlöscher genutzt werden, müssen entsprechend gekennzeichnet sein. Die DGUV empfiehlt daher, an allen Zugängen zu den Bereichen, die besonders gefährdet sein können, folgende Warnzeichen anzubringen:

- Das gelb-schwarze Warnzeichen W041, welches vor Erstickungsgefahr warnt und
- ein Zusatzzeichen mit entsprechenden Hinweisen.

Beide Warnzeichen müssen gut sichtbar sein und vor allem dauerhaft angebracht werden. Die Zeichen müssen sowohl den Vorgaben der DIN als auch der ASR entsprechen.

Rechenbeispiel für die freie Grundfläche

Wir gehen von einem Raum aus, der 5 Meter breit und 5 Meter lang ist. Im Raum befinden sich ein Schreibtisch, ein Schreibtischstuhl und ein Serverschrank (4,5 m^2). Aktuell ist dort ein 5 kg CO2-Feuerlöscher vorhanden. Dieser erfordert eine freie Grundfläche von 27,5 m^2.

Die erforderliche freie Grundfläche im Raum errechnet sich wie folgt: 5 * 5 m – 4,5 m^2 = 20,5 m^2. Das Raummaß beträgt zwar 25 m^2, von diesem muss jedoch die Fläche des Schrankes abgezogen werden. Schreibtisch und Stuhl werden hingegen nicht berücksichtigt, da sie eine freie und sichtbare Bodenfläche aufweisen. Sie zählen somit zur "freien Grundfläche". Der 5kg Feuerlöscher benötigt allerdings eine Fläche von 27,5 m^2, die freie Grundfläche ist folglich zu klein.

Alternativ kann der Feuerlöscher vor dem Raum platziert werden, so dass ein Löschvorgang durch die Tür vorgenommen werden kann. Weiterhin ist der Rückgriff auf einen 2 kg CO2- Feuerlöscher im Raum möglich, welcher die vorhandene Grundfläche von 11 m^2 erfordert. Es ist auch ein Einbau einer Löschanlage in Betracht zu ziehen. Diese würde im Falle eines Brandes automatisch ausgelöst.

13. Anlagentechnischer Brandschutz

Zum anlagentechnischen Brandschutz gehören sämtliche technische Anlagen, Einrichtungen und Systeme, die der Verbesserung des Brandschutzes dienen, d.h. Brandmeldeanlagen, Rauchansaug-systeme, Rauch- und Wärmeabzugsanlagen, selbsttätige wie auch nichtselbsttätige Feuerlöschanlagen und nicht zuletzt manuelle Feuerlöscher.

Rauch, Gase, Flammen und Wärme sind Merkmale, wenn es um das Erkennen und die Beurteilung von Bränden geht.

Automatische Brandschutzeinrichtungen sorgen dafür, dass im Brandfall, wo rasch gehandelt werden muss, die erforderlichen Maßnahmen beschleunigt und automatisiert umgesetzt werden können. Dazu zählt, dass der Brand erkannt wird, dass die Personen, die gefährdet sind, alarmiert und evakuiert werden, dass der Brand bekämpf wird, dass die Brandschutzanlagen aktiviert und die Einsatzkräfte alarmiert werden.

Automatische Brandmeldeanlagen können den Brand gleichzeitig an gefährdete Personen und der Feuerwehr melden, die Wärmeabzugs- und Rauchanlagen schließen, die Löschanlagen aktivieren. Brandmeldeanlagen sind demnach komplexe Allrounder: sie melden, alarmieren und betätigen andere Brandschutzeinrichtungen.

Es gibt hinsichtlich der Brandmelder unterschiedliche Bauarten. **Die bekanntesten werden hier aufgelistet:**

- Der optische Rauchmelder: dieser kann ca. 10-80 m^2 überwachen und hellen und dunklen Rauch erkennen
- Der Flammenmelder: dieser erkennt das grelle und helle Licht der Flammen auf einer Fläche von bis zu ca. 500m^2

- Der Wärmedifferenzialmelder: dieser erkennt den Temperaturanstieg auf einer Fläche von bis zu 20 m^2
- Der Wärmemaximalmelder: dieser erkennt die Maximal-Temperatur bis zu 20 m^2

Bereits bei geringsten Mengen an Rauch werden die Rauchmelder nach dem Streulichtprinzip aktiviert. Diese Art Rauchmelder kann überdies in ein aktives Rauchansaugsystem integriert werden, sodass der Rauch aktiv zum Rauchmelder geführt wird.

Ein Flammenmelder kommt zur Früherkennung eines Brandes zum Einsatz und reagiert auf den Infrarot- und den ultravioletten Anteil bzw. auf die Flackerfrequenz einer Flamme.

Ist der Brand durch schnelle Temperaturveränderung gekennzeichnet, kommt ein Wärmemelder zum Einsatz, der ab einer festgelegten Temperatur und ab einem festgelegten Anstieg der Temperatur in einer bestimmten Zeit aktiv wird. Er wird vor allem dort eingesetzt, wo die Entwicklung von Rauch und Staub den Einsatz von Rauchmeldern verhindern.

Daneben gibt es sogenannte Linienmelder. Hier ist zu unterscheiden zwischen den Lichtschrankenmeldern, die den gesamten Raum überwachen, sowie den kabelgeführten Linienmeldern, die auf einen Anstieg der Temperatur reagieren. Letztere werden dort eingesetzt, wo sich Stäube, Dämpfe oder Feuchtigkeit bilden können.

Nicht zuletzt können Handfeuermelder einen Alarm mittels eines Knopfes manuell auslösen.

Bei Veranstaltungen mit offenem Feuer, Gasen oder mit Pyrotechnik, aber auch auf Baustellen, mithin bei zeitlich begrenzten Tätigkeiten und Arbeitseinsätzen, kommen mobile Brandmelder zum Einsatz, die aus einem Funk-Rauchmelder und einem Meldeempfänger bestehen.

Optische Rauchmelder werden vorrangig dort verwendet, wo eine Gefahr von Schwelbränden mit einer starken Rauchentwicklung besteht.

Dem Unternehmen obliegt es selbst, dafür zu sorgen, dass seine Beschäftigten im Falle eines Brandes sofort gewarnt werden und dass es zu einem zügigen Verlassen des Gebäudes bzw. des Bereiches, der gefährdet ist, kommt. Rettungs- und Hilfskräfte müssen alarmiert werden können. Dies geht am besten über automatische Alarmanlagen.

Einrichtungen auf unternehmerischer Seite zur Alarmierung von Personen sind beispielsweise elektroakustische Notfallsysteme (ENS), Brandmeldeanlagen mit Sprachalarm (SAA), optische Alarmeinrichtungen oder auch entsprechende Anlagen für den Hausalarm.

Ob derartige Anlagen erforderlich sind, zeigt sich durch die Gefährdungsbeurteilung. Die Notwendigkeit ergibt sich etwa daraus, dass gefährdete Personen aufgrund mangelhafter Sicht- oder Rufverbindungen oder auch infolge von räumlichen Gegebenheiten im Brandfall nicht gewarnt werden können. Auch wenn die Auflagen der Behörden bzw. wenn die Evakuierungsübungen nach ASR A2.3 „Fluchtwege und Notausgänge, Flucht- und Rettungsplan" zeigen, dass Handlungsbedarf besteht, sind die entsprechenden Brandmeldemaßnahen zu treffen.

Rauchabzugsanlagen, ganz gleich ob natürliche (NRA) oder maschinelle Rauchabzüge (MRA), haben den Zweck, Flucht- und Rettungswege von Rauch freizuhalten, während Wärmeabzugsanlagen die Feuerwiderstandsdauer von Gebäuden erhalten und der Feuerwehr eine effektive Bekämpfung des Brandes ermöglichen sollen.

Bei natürlichen Rauchabzügen macht man sich mittels Öffnungen zur Ableitung des Rauchs die natürliche Thermik zunutze (etwa durch Wandöffnungen). Im Bedarfsfall müssen Ventilatoren die Rauchableitung unterstützen.

Zu den maschinellen Rauchabzugsanlagen gehören auch die Rauchdifferenzierungsanlagen (RDA), die mittels eines leichten Überdrucks das Eindringen von Rauch verhindern.

Ist die Wärmeleistung bei einem Brand eher gering, wird die maschinelle Rauchabzugsanlage eingesetzt, die schon in der Entstehungsphase des Brandes wirkt, da sie unabhängig von der Thermik ist und auch schon kleinere Mengen bzw. noch kühlen Rauch absaugen kann.

Setzt das Unternehmen manuelle Auslösevorrichtungen für die Öffnungen zur Ableitung des Rauchs und für die Abzugsanlangen ein, muss es festlegen, durch wen und auch wann diese Anlagen auszulösen sind.

Feuerlöscheinrichtungen zur Bekämpfung von Entstehungsbränden, d.h. tragbare und/oder fahrbare Feuerlöscher, Hydranten und weitere Geräte, die manuell bedient werden, werden von dem Unternehmen bereitgestellt. Gemäß ASR A2.2 muss es in jedem Unternehmen tragbare Feuerlöscher, die jederzeit eingesetzt werden können, geben. Sie dürfen nicht durch äußere Einwirkungen (z.B. Witterung oder Erschütterung) in ihrer Funktionstüchtigkeit beeinträchtigt werden und müssen dauerhaft und gut sichtbar gekennzeichnet sein, sodass sie stets schnell und leicht erreichbar sind. Die Beschäftigten sollten mit dem Gebrauch der Feuerlöscheinrichtung, die regelmäßig auf ihre Funktionstüchtigkeit geprüft und nach DIN EN 3–7 oder DIN EN 1866 typgeprüft sein müssen, vertraut sein.

Für tragbare Feuerlöscher (Handfeuerlöscher) ist ein Maximalgewicht von 20 Kilogramm zulässig sowie eine Füllmenge von höchstens zwölf Kilogramm. Für eine einfache Handhabung sollte das Gewicht des Feuerlöschers möglichst geringgehalten werden. Auch die Funktionsweise sollte einheitlich sein, sodass alle Feuerlöscher auf dieselbe Weise bedient werden und eine schnelle Handhabung gewährleistet ist.

Handfeuerlöscher halten mehrere Sekunden lang, die Dauer steht in Abhängigkeit der KG/ L Füllmenge. 3 kg bzw. Liter können bei richtiger Anwendung bis zu 6 Sekunden halten; ein 3-6 kg- Löscher schon bis zu 9 Sekunden und der 6-10 kg bis zu 12 Sek.

Abhängig von der Größe des Betriebs und der Brandgefährdung müssen möglicherweise weitere Geräte zur Löschung verwendet werden.

Dazu zählen etwa fahrbare Löscher. Sie wiegen mindestens 20 Kilogramm und werden geschoben oder gezogen. Als Löschmittel wird dabei Pulver, Schaum oder Kohlendioxid eingesetzt. Ein fahrbaren Pulver-Feuerlöscher mit 25kg Inhalt hält mindestens 15 Sekunden. Ein vergleichbarer fahrbarer Schaum-/Wasser-Feuerlöscher hält bei mindestens 20 Liter Schaum/ 25 Liter Wasser ca. 20 Sekunden, ein fahrbarer Kohlendioxid-Feuerlöscher mit 20 kg CO2 hält hier mindestens 18 Sekunden. ACHTUNG: Hier besteht Erstickungsgefahr und damit Lebensgefahr.

Die richtige Bedienung der Feuerlöscher setzt bei einem Auflade-löscher drei Schritte voraus:

1. Zunächst muss der Feuerlöscher entsichert werden (Lasche oder Sicherungsstift).
2. Anschließend wird die Löschpistole gefasst, bestenfalls von oben. Danach ist das Treibgas freizusetzen, etwa mittels eines Schlages auf den Auslöseknopf oder auch durch ein Ventil bzw. durch Druck auf den Hebel der Löschpistole.

3. Danach kann gelöscht werden: mit einer Hand wird der Feuerlöscher gehalten, mit der anderen betätigt man den Pistolengriff.

Merkmale einzelner Löschmittel

Während einer **Löschung mit Wasser** werden die brennenden Stoffe durch das Wasser abgekühlt, oftmals sind diesem auch Netz- und Frostschutzmittel beigefügt.

Wasser ist das Löschmittel, das am häufigsten eingesetzt wird, da es praktisch überall und in ausreichender Menge verfügbar ist. Allerdings gibt es Stoffe, die keinesfalls mit Wasser in Berührung kommen sollten, da sonst Explosions- oder Brandgefahr besteht. Zu diesen Stoffen zählen Natrium und Kalium, gebrannter Kalk und Kalziumkarbid.

Bei einer **Löschung mit Schaum** wird mittels eines Kühl- und Stickeffekts gelöscht. Schwer zugängliche Brandstellen können infolge des Fließverhaltens des Löschschaums gut erreicht werden.

Der Löschschaum, ein Gemisch aus Schaummittel und Wasser, wird direkt an der Einsatzstelle erzeugt. Zu unterscheiden sind Leichtschaum, Mittel- und Schwerschaum.

Bei einer **Löschung mit Pulver** wird der Brand durch eine ABC- (bei Flammen- oder Glutbränden) oder eine BC- (ausschließlich für Flammenbrände) Löschpulverwolke gelöscht. Pulver ist vielseitig einsetzbar und nicht gesundheitsschädlich, bewirkt allerdings, dass die Einsatzstelle infolge der Pulverwolke sichtbehindert und auch verschmutzt wird. Wichtig ist daher, dass beim Einsatz von Pulver ein ausreichender Abstand von ca. 6 Metern zur Brandstelle eingehalten wird.

Bei einer **Löschung mit Kohlendioxid** wird mittels des Kohlendioxids der Luftsauerstoff über dem Brand verdrängt. Achtung: in engen oder kleinen Räumen ist das Löschen mit

Kohlendioxid mitunter lebensgefährlich, weil es durch das freigesetzte Kohlendioxid schnell zu Atemnot oder zu verstärktem Atemantrieb kommen kann. Es gilt daher: pro Kilogramm Kohlendioxid muss mindestens eine freie Grundfläche von 5,5 Quadratmeter vorhanden sein. Dies muss von dem Unternehmen geprüft werden.

Zum Löschen von Fettbränden dienen bei Fettbrandlöschern **spezielle Löschmittel für die Brandklasse F**. Das Brandgut wird mittels chemischer Reaktion mit einer Schicht abgedeckt.

Bei **Metallbränden der Brandklasse D** wird das Brandgut mit Löschpulver abgedeckt und dadurch erstickt. Feuerlöscher anderer Brandklassen dürfen bei Metallbränden im Übrigen keinesfalls zum Einsatz kommen, da es sonst zu einer Brandbeschleunigung oder gar zu einer Explosion kommen kann.

Damit Feuerlöscher im Brandfall richtig verwendet und bedient werden, müssen sie mit entsprechenden Angaben gekennzeichnet sein.

Feuerlöscher und andere Feuerlöscheinrichtungen gilt es seitens des Unternehmens in ausreichender Menge und in Hinsicht auf den Umfang und die Art der Gefährdung durch einen Brand bzw. der Größe des Bereiches, der hierfür relevant ist (Brandgefahrenbereich) bereitzustellen.

Mithilfe einer Gefährdungsbeurteilung werden hierbei die Brandgefährdung und die vorhandenen Brandklassen ermittelt. Diese bildet die Grundlage für die Auswahl der geeigneten Feuerlöscher. Die Löschmitteleinheiten und die Anzahl der Feuerlöscheinrichtungen müssen in Bezug auf die Grundfläche der Arbeitsstätten gewählt werden. Auch müssen weitere Maßnahmen bei einer erhöhten Brandgefahr festgelegt werden. Weitere Details hierzu finden sich in der Technischen Regel für Arbeitsstätten „Maßnahmen gegen Brände" (ASR A2.2).

Bei Feuerlöschern gibt es zwei Bauformen: die Aufladelöscher, bei denen die Lösch- und Treibmittel räumlich voneinander getrennt sind, und die Dauerdrucklöscher; hier ist beides in einem Behälter untergebracht.

Wie und wo müssen die Feuerlöscher angebracht sein?

Feuerlöscher sollten so positioniert sein, dass sie vor Beschädigungen geschützt und gut sichtbar sind, sowie bei einer Griffhöhe von 80 bis maximal 120 Zentimetern schnell und leicht erreicht werden können. Richtungspfeile sollten ihren genauen Standort kennzeichnen. Überdies sollten die Feuerlöscher mit dem Brandschutzzeichen „F0001“ versehen sein.

Unter **Wandhydranten** versteht man Feuerlöscheinrichtungen, die in einem Schrank an einem bestimmten Ort fest installiert sind. Dazu gehören das Strahlrohr und der Schlauch mit dem entsprechenden Anschlussventil. Wie die Feuerlöscher müssen sie leicht zu finden und erreichbar und mit dem Brandschutzzeichen F0002 „Löschschlauch“ gekennzeichnet sein.

Die Löschmittelmenge ist deutlich größer als bei den mobilen Löscheinrichtungen und liegt beim Wandhydrant Typ S bei mindestens 24 Litern/Minute.

Ob **Löschspraydosen**, also sogenannte Kleinlöschgeräte mit maximaler Löschmittelmenge von 0,7 Litern, für die betreffende Arbeitsstätte geeignet ist, muss der Unternehmer unter Beachtung der ASR A2.2 entscheiden. Verwendet dürfen dann ausschließlich Löschspraydosen nach der gültigen DIN EN 16856.

Zum Löschen von Fettbränden werden in Küchen zwar oftmals **Löschdecken** bereitgestellt, diese sind aber nach Untersuchungen seitens der Berufsgenossenschaft Nahrungsmittel und Gastgewerbe nicht geeignet; vielmehr besteht durch ihren Einsatz eine erhöhte

Verletzungs- und Verbrennungsgefahr. Stattdessen sollten Feuerlöscher der Brandklasse F eingesetzt werden.

Vor allem in Museen oder auch in IT- und Serverräumen und in Lagern (die allesamt nicht als ständige Arbeitsplätze genutzt werden) kommen **Brandvermeidungsanlagen** zum Einsatz, die den Brand mittels Reduktion des Sauerstoffs, der durch Stickstoff ersetzt wird, im betreffenden Raum bekämpft. Zum Schutz der Beschäftigten müssen Maßnahmen u.a. baulicher und medizinischer Art getroffen werden.

In Kaufhäusern, größeren Gebäuden oder auch bei zu schützenden Kulturgütern werden bevorzugt **stationäre Feuerlöschanlagen** eingesetzt, vor allem Wasser, Löschschaum, -gase und -pulver. Diese Löschanlagen werden unterschieden in Raumschutzanlagen, durch welche ein gesamter Raum geschützt werden soll, und Objektschutz-anlagen, welche nur einen Anlagenteil schützen sollen.

Bei **stationären Wasserlöschanlagen** (Sprinkler, Sprühwasser- und Wassernebellöschanlage) wird Wasser durch Rohrleitungen zu den Austrittsdüsen, die sich über den zu schützenden Anlagen befinden, gepumpt.

Bei **Sprinkleranlagen** platzen kleine Glasfässchen der Düsen bei Wärmeeinwirkung über dem Brandbereich. Bei den ähnlich wie Sprinkleranlagen aufgebauten Sprühwasseranlagen wird das Wasser aus sämtlichen Öffnungen versprüht.

Der **Wasservorhang** hat den Zweck, Förderanlagen voneinander abzutrennen.

Ein feiner Wassernebel aus Sprühdüsen, der vor allem bei historischen Gebäuden oder auch bei Kabelkanälen eingesetzt wird, wird bei den **Wassernebellöschanlagen** erzeugt.

Bei **Gaslöschanlagen** wird der Brand durch Luftsauerstoffverdrängung und Reduzierung der Sauerstoffkonzentration gelöscht, indem über Rohrleitungen in Gasflaschen oder unter Druck gelagerte Inertgase oder auch Kohlendioxid über ein Leitungssystem freigesetzt werden. Dies geschieht vorzugsweise in Lagern für brennbare Flüssigkeiten, in EDV- oder auch Spritzlackieranlagen. Zuvor müssen Personen, die sich in diesem Bereich aufhalten, mittels akustischer oder optischer Warnsignale alarmiert werden, sodass sie diesen Bereich sofort verlassen. Zum Einsatz kommen Kohlendioxid, Stickstoff, Argon oder auch ein Gemisch aus diesen drei Gasen sowie Sonderlöschgase.

Bei **Schaumlöschanlagen** wird ein Brand durch ein Gemisch aus Wasser, Luft und einem Konzentrat aus Schaummitteln gelöscht, wobei zwischen Leicht-, Mittel- und Schwerschaum unterscheiden wird. Diese Art der Brandlöschung wird vor allem bei großen Tanklagern, Recyclingbetrieben oder in Tiefgaragen eingesetzt.

Mitunter kommt es auch zum Einsatz von **Aerosol-Löschanlagen**. Hier werden überwiegend Kaliumcarbonate freigesetzt, welche wiederum das Aerosol bilden. Dabei wird die bei einem Brand ablaufende Kettenreaktion unterbrochen: Freie Radikale, die sich in der Flamme befinden, werden gebunden und eine Reaktion mit dem Luftsauerstoff wird verhindert.

Neben diesen Löscheinrichtungen gibt es auch **stationäre Kleinlöschanlagen**, die für eine schnelle und automatische Löschung sorgen. Sie kommen vor allem bei Serverschränken oder auch Frittiereinrichtungen zum Einsatz.

Darüber hinaus gibt es auch **halbstationäre Löschanlagen**, bei denen Wasser, Schaum oder auch ein anderes Löschmittel eingesetzt wird. Diese sind in dem Bereich, den es zu schützen gilt, in Form von Rohren oder Löschdüsen installiert, die Löschmittelversorgung erfolgt jedoch nicht eigenständig, sondern durch die Feuerwehr.

Bei den **Löschwasseranlagen**, den sogenannten Steigleitungen, wird unterschieden zwischen trockenen und nassen Anlagen. Die trockenen Anlagen stellen Leitungen für die Feuerwehr zur Verfügung, die das Löschmittel an entsprechenden Einrichtungen einspeist und es dann an den jeweiligen Entnahmestellen wieder entnimmt.

Bei nassen Steigleitungen handelt es sich um Löschwasserleitungen, die vom Trinkwassernetz getrennt und an die Wandhydranten angeschlossen sind. Diese sind stets mit Wasser gefüllt und einsatzbereit.

In frostgefährdeten Bereichen kommen **Löschwasserleitungen**, die sowohl nass als auch trocken sind, zum Einsatz. Dieses Leitungssystem mit leeren Wandhydranten wird im Bedarfsfall fernbetätigt und mit Wasser befüllt.

Auch werden mitunter **Trinkwasser-Installationen** mit Wandhydrant (Typ S) genutzt. Hier muss ein stetiger Trinkwasserdurchfluss gewährleistet sein, da es ansonsten zur Bildung von Keimen kommen kann.

In Arbeitsbereichen, an denen mit brennbaren Flüssigkeiten und/oder offenen Flammen gearbeitet wird, sind **Personenlöscheinrichtungen** besonders wichtig. Dies kann in Bereichen mit großer Brand- oder Kontaminationsgefahr (z.B. Abfüllstellen oder bei Arbeiten mit großen Mengen an brennbaren Flüssigkeiten bzw. Chemikalien) durch Körpernotduschen erfolgen. Beim Einsatz von tragbaren Feuerlöschern in diesem Fall gilt es u.a. zu beachten, dass der Abstand zur brennenden Person mindestens zwei bis drei Meter beträgt und dass nicht auf das Gesicht, sondern auf den Oberkörper gezielt werden sollte.

Wird ein **Kohlendioxidlöscher** eingesetzt, muss der Abstand zu der brennenden Person mindestens 1,5 Meter betragen. Auch hier ist das Gesicht auszusparen, ferner sollte nie zu lange auf ein und dieselbe Stelle am Körper gezielt werden, da die Austrittstemperatur bei minus 70 Grad Celsius liegt und es zu Erfrierungen dieser Körperstellen kommen kann.

Löschdecken bergen mannigfaltige Risiken und entsprechen auch bei Personenlöschungen nicht mehr dem Stand der Technik. Bei ihrer Anwendung wird die brennende Person in die Decke eingewickelt, die Decke an die Person angedrückt, wodurch die Gefahr besteht, dass glühende oder gar brennende Teile auf die Haut der Person gepresst werden.

Gemäß der DIN EN 1869 sind Löschdecken **nicht** mehr vorgesehen.

Zusammengefasst arbeitet der vorbeugende Brandschutz mit den oben genannten Kenngrößen

Vorbeugender Brandschutz	Brandentstehungsmaßnahmen	Brandausbreitung vorbeugen	Rettung von Mensch und Tier ermöglichen
Bauliche Maßnahmen	Anforderungen an Baustoffe	Brandabschnitte, Rauchabschnitte, Trennwände	Erster Rettungsweg (baulich) Zweiter Rettungsweg
Anlagen-technische Maßnahmen	Blitzschutzanlagen, Inert Anlagen, etc.	Sprinkleranlagen, RWA, FSA, BMA-Ansteuerung	BMA, Notbeleuchtung, Kennzeichnung
Organisa-torische Maßnahmen	Brandschutz-beauftragte, Sicherheits-beauftragte, Brandschutzordnung	Feuerlöschtraining, BSH, Wandhydrant Typ S	Evakuierungshelfer, F+R-Pläne, §10 ArbSchG

Tabelle 7: Kenngrößen des vorbeugenden Brandschutzes

14. Verhalten im Brandfall

Nach den baulichen und organisatorischen Anlagentechnischen geht es nun um die organisatorischen Brandschutzmaßnahmen. Die Beschäftigten eines Betriebes müssen sich über die Gefahren im Umgang mit Zündquellen und brennbaren Stoffen unbedingt im Klaren sein. Sie müssen wissen, wie sie sich im Brandfall richtig zu verhalten haben. Eine Mitarbeiterschulung im Rahmen einer Brandschutzunterweisung, etwa durch den Brandschutzbeauftragten, ist hier unerlässlich. Der Brandschutzbeauftragte ist überdies verantwortlich für die Ausbildung von Brandschutzhelfern sowie die Erstellung eines Brandschutzplans. Nicht zuletzt sind auch die Brandschutzordnung sowie der Aushang von Flucht- und Rettungsplänen für einen organisatorischen Brandschutz notwendig.

Wenn ein Brand ausbricht, kann es schnell zu einer Panik kommen, was oftmals dazu führt, dass die Betroffenen sich falsch verhalten. Um das zu verhindern, ist es wichtig, dass die richtigen Abläufe bei einem Brand regelmäßig trainiert werden, sodass diese von den Beschäftigten verinnerlicht werden können.

Das Arbeitsschutzgesetz fordert in §10, dass ein Unternehmen je nach Anzahl der Beschäftigten, Art der Tätigkeit und der Arbeitsstätte die für eine Erste Hilfe, Bekämpfung eines Brandes und einer Evakuierung der Beschäftigten entsprechenden Maßnahmen treffen muss. Ferner muss gewährleistet sein, dass hinsichtlich medizinischer Hilfe, Brandbekämpfung und Bergung auch außerbetriebliche Stellen im Notfall benachrichtigt werden können. Auflagen baulicher und brandabwehrender Art sind zu berücksichtigen.

Die Gefährdungsbeurteilung zum Brandschutz des jeweiligen Betriebes bildet hier die Grundlage für die Maßnahmen, die getroffen werden müssen und erfolgen in Abstimmung mit der Feuerwehr und den zuständigen Rettungskräften.

Die Beschäftigten eines Betriebs müssen über die Gefahren und die Maßnahmen im Brandfall regelmäßig und mindestens einmal jährlich unterrichtet werden.

Hierbei ist auf die unterschiedlichen Brandgefahren am Arbeitsplatz hinzuweisen, etwa in Form von offenem Feuer, Rauchen, der falschen Verwendung von Elektrogeräten oder der Lagerung von brennbarem Material.

Ferner geht es darum, wie man einer Brandgefahr begegnen kann, etwa durch Einhaltung des Rauchverbots, das Freihalten von Brandschutztüren sowie von Flucht- und Rettungswegen.

Auch das Verhalten im Falle eines Brandes muss geübt werden – von der Alarmierung der Feuerwehr, der Warnung von Personen im Umfeld und dem Verlassen des Gefahrenbereichs bis zur Meldung beim Sammelstellenverantwortlichen.

Auch sollte eine bestimmte Anzahl an Beschäftigten (mindestens fünf Prozent der Belegschaft) den richtigen Umgang mit Feuerlöscheinrichtungen trainieren, mithin in der richtigen Handhabung von Feuerlöschern und allgemein dem Löschen von Bränden unterwiesen sein. Dies sollte alle drei bis fünf Jahre wiederholt werden, bei wesentlichen betrieblichen Änderungen, etwa einer Umstrukturierung der Mitarbeitenden oder einer geänderten Brandschutzordnung, sollte die genannte Unterweisung in noch kürzeren Abständen erfolgen.

Die nötige (spätestens) jährliche Unterweisung im Brandschutz sollte je nach Notwendigkeit im Betrieb mal länger oder kurzer andauern. Dabei sind die Brandgefahren am Arbeitsplatz zu berücksichtigen sowie der Umgang mit Zündquellen. Aus den Brandschutzordnungen (Teil A, B und C) und den Flucht-

und Rettungsplänen können sich weitere Anforderungen an die Unterweisung sich ergeben. Ziel muss es sein, dass der Umgang mit Bandgefahren beherrscht wird und das im Brandfall alle die Räumlichkeiten selbstständig verlassen können.

Die Anzahl der Brandschutzhelfer sollte in allen Betriebsformen sichergestellt werden mit mindestens 5 % der Angestellten. Bei erhöhter Brandgefahr kann die Anzahl auch auf Grundlage der Gefährdungsbeurteilung erhöht werden.

Eine theoretische und praktische Unterweisung im Umgang mit Feuerlöschern ist nur erforderlich bei Personen, die auf Baustellen Arbeiten ausführen, bei denen eine Brandgefahr besteht, etwa beim Löten, Schweißen oder bei Flammarbeiten.

Beim Einsatz von Feuerlöschern ist die sichere und schnelle Handhabung und das richtige Löschen entscheidend.

Eine **Evakuierung** muss gut organisiert sein und regelmäßig trainiert werden, ansonsten droht ein chaotischer und damit gefährlicher Ablauf. Es muss jeder wissen, was zu tun ist und wie er sich in den jeweiligen Situationen zu verhalten hat. Es muss zuvor geklärt sein, wer der Verantwortliche für eine Evakuierung ist und nach welchen Gesichtspunkten diese durchgeführt wird; hier spielen die Flucht- und Rettungspläne bzw. die Brandschutzordnung eine wesentliche Rolle. Letztere ist eine zusammengefasste Regelung von Maßnahmen zur Brandverhütung für das Verhalten von Personen in einem Betrieb oder einem Gebäude.

Bei einer Evakuierung ist es u.a. von entscheidender Bedeutung, dass die Beschäftigten sämtliche erforderlichen Evakuierungsmaßnahmen trainiert haben, dass alle Flucht- und Rettungswege gekennzeichnet und freigehalten sind, dass Personen, die eingeschränkt mobil oder auch ortsunkundig sind, geholfen wird, dass es einen Plan für die Abschaltung wichtiger Anlagen und die dafür verantwortlichen Beschäftigten gibt, dass alle

Beschäftigten sich an die Anweisungen der Einsatzleitung halten und dass festgestellt wird, dass alle Beschäftigten evakuiert sind.

Übungen zu einer Evakuierung sollten auf der Basis der Brandschutzordnung und der Flucht- und Rettungspläne regelmäßig durchgeführt werden. Es sollten Beschäftigte als Evakuierungshelfer ausgewählt werden, die ortsunkundigen Personen, etwa Besuchern, für einen organisierten und erfolgreichen Ablauf einer Evakuierung Hilfe leisten und bestimmte Bereiche kontrollieren. Diese Personen müssen nicht speziell ausgebildet werden, jedoch ist es nötig, dass die Evakuierungshelfer seitens des Unternehmens auf ihre besonderen Aufgaben im Rahmen der Evakuierung hingewiesen und hinsichtlich dieser unterwiesen werden.

Das Unternehmen muss für einen Brandfall gut vorbereitet sein, d.h. die **Planungen, die Entscheidung für und die Überwachung von Maßnahmen im Zusammenhang mit der Brandentstehung**, Explosionen und dem unkontrollierten Austreten von Stoffen und Gemischen sind unerlässlich.

In einem **Alarmplan**, der an geeigneten Stellen im Unternehmen bereitgehalten wird und stetig aktualisiert werden muss, z.B. durch neue Telefonnummern oder Personalwechsel, wird durch das Unternehmen festgelegt, wer im Falle eines Brandes informiert und alarmiert werden muss. Diese zuständigen Personen müssen über die Abläufe im Brandfall informiert werden, etwa ebenfalls mittels Schulung/Unterweisung.

Die **Brandschutzordnung** regelt gemäß DIN 14096 die Brandverhütungsmaßnahmen sowie das Verhalten von Personen in einem Betrieb oder Gebäude im Falle eines Brandes. In der Brandschutzordnung kann auch der zuvor erwähnte Alarmplan enthalten sein.

Ob eine Brandschutzordnung für ein Unternehmen notwendig ist, klärt sich aus den Auflagen seitens der Behörden und/oder

Versicherungen sowie aus der Gefährdungsbeurteilung. Das Unternehmen muss seine Beschäftigten mit der Brandschutzordnung vertraut machen.

Die Brandschutzordnung ist unterteilt in drei Abschnitte: A, B und C.

Teil A: Hier sind die grundsätzlichen Hinweise zum Verhalten im Falle eines Brandes und zur Brandverhütung aufgeführt. Teil A richtet sich an sämtliche in der betreffenden baulichen Anlage befindlichen Personen, d.h. sowohl die Beschäftigten des Unternehmens als auch die Mitarbeitenden von Fremdfirmen und Besucher.

Teil B: Dieser Teil der Brandschutzordnung richtet sich an alle Personen, die längerfristige Arbeiten in diesem Betrieb ausführen und sich nicht nur vorübergehend hier aufhalten. Auch werden hier Maßnahmen zur Verhütung eines Brandes sowie Hinweise zum Verhalten im Brandfall aufgeführt.

Teil C: Dieser Teil geht über die allgemeinen Pflichten, die in Teil A und B aufgeführt sind, hinaus und richtet sich an Personen, denen besondere Aufgaben im Brandschutz zugeteilt wurden. Dazu zählen etwa die Brandschutzhelfer oder -beauftragte oder auch Geschäftsführer.

Brandschutzordnungen müssen stets aktualisiert und im Abstand von mindestens zwei Jahren von einer Fachkraft, etwa einem Brandschutzbeauftragten, überprüft werden.

Ein **Flucht- und Rettungsplan** ist gemäß der Arbeitsstättenverordnung bzw. wegen behördlicher Auflagen notwendig, wenn in einem Unternehmen die Fluchtwegführung unübersichtlich ist (etwa, wenn Fluchtwege durch größere Räume oder über Zwischengeschosse führen, wenn sich regelmäßig zahlreiche ortsunkundige Personen in dem Gebäude aufhalten und in Gebäuden mit einer erhöhten Brandgefahr, z.B. durch benachbarte Arbeitsstätten mit brandgefährdeten Anlagen).

Ein solcher Flucht- und Rettungsplan regelt das Verhalten und die Abläufe im Gefahrenfall im Einzelnen. Zur besseren Veranschaulichung wird eine Visualisierung genutzt. Der Plan wird an geeigneten Stellen im Unternehmen mit Bezug auf den jeweiligen Standort, also lagerichtig, ausgehängt. Passende Orte sind beispielsweise Pausenräume, Treppenzugänge oder Eingangsbereiche.

Wichtig ist es, dass auch betriebsfremden Personen die Orientierung so leicht wie möglich gemacht wird. Deshalb sollten Darstellung und Text im Flucht- und Rettungsplan entsprechend den Technischen Regeln für Arbeitsstätten „Sicherheits- und Gesundheitsschutzkennzeichnung (ASR A1.3) so klar und verständlich möglich gehalten werden. Der Plan muss die Fluchtwege aufzeigen, die vom Arbeitsplatz bzw. dem jeweiligen Standort des Plans zu einem sicheren Bereich oder ins Freie führen; auch auf entsprechende Sammelstellen sowie Standorte von Brandschutzeinrichtungen sowie auf Einrichtungen für Erste Hilfe muss hingewiesen werden.

All diese Hinweise müssen im **Flucht- und Rettungsplan** stets in Bezug auf den jeweiligen Standort des Plans enthalten sein.

Die Beschäftigten eines Betriebes müssen mit dem Flucht- und Rettungsplan vertraut gemacht werden, auch in Form von praktischen Unterweisungen.

Ein **Feuerwehrplan** dient gemäß DIN 14095, „Feuerwehrpläne für bauliche Anlagen", der Feuerwehr als Vorbereitung für die Bekämpfung eines Brandes und die erforderlichen Rettungsmaßnahmen. Dazu werden mittels einheitlicher Symbole die bestehenden Sicherheitseinrichtungen gekennzeichnet und aufgezeigt. Auch um das Brandobjekt schnell zu finden und die

Brandlage in bestimmten Orten und Objekten richtig zu beurteilen ist der Feuerwehrplan erforderlich.

Vor allem bei großen und unübersichtlichen Anlagen und Bereichen, dort also, wo es im Brandfall für die Feuerwehr besonders gefährlich ist, sind Feuerwehrpläne gemäß behördlicher Auflagen vorgeschrieben. Ein Feuerwehrplan muss stets auf dem aktuellsten Stand sein und der Einsatzleitung der Feuerwehr vorliegen. Er wird in Zusammenarbeit mit den lokalen Brandschutzdienststellen aufgestellt und enthält unter anderem folgende Informationen:

- Sämtliche Bereiche des Gebäudes sowie die Raumnutzung
- Sämtliche Zugänge zu dem betreffenden Gebäude
- Brandwände und andere raumabschließende Wände
- Brandschutztüren
- Rettungs- und Angriffswege sowie Treppenräume
- Feuerwehr- und Personenaufzüge sowie weitere Förderanlagen
- Durchfahrten und Flächen, die für einen Einsatz der Feuerwehr nicht befahrbar sind
- Flächen, die nicht begehbar sind
- Entnahmestellen für Löschwasser
- Angaben von Gefahrstofflagern
- Standortangabe von Brandmeldezentralen, Technikräumen von stationären Löschanlagen und dem Depot der Unterlagen für die Feuerwehr (Einsatzpläne, Schlüssel etc.)

15. Das Löschen

Das Löschen eines Brandes bedeutet nichts Anderes, als dass

1. **der Brennstoff entzogen wird** (z.B. ein Gaszufuhrventil wird geschlossen). Ist der Brand erst einmal ausgebrochen, ist dies jedoch nicht mehr möglich. Bei der Vorbeugung eines Brandes jedoch ist dieses Prinzip wichtig.

2. **die Sauerstoffzufuhr unterbrochen wird** (z.B. Flammen werden abgedeckt) und der Brand wird erstickt. Sauerstoff und Brennstoff können dann nicht mehr miteinander reagieren.

3. **das Brennstoff-Sauerstoff-Verhältnis verändert wird:** Der Sauerstoffanteil in der Luft wird verändert, indem der Luft ein nicht brennbares und flammenerstickendes Gas zugeführt wird (CO2 oder Stickstoff).

4. **auf die Zündquelle eingewirkt wird** (sie wird abgeschaltet, gekühlt, entfernt).

5. **Wärme entzogen wird**, und zwar so viel, bis die Zündtemperatur nicht mehr erreicht wird, etwa mittels Zufuhr von Wasser.

6. **die chemische Reaktion gehemmt und damit die Verbrennungsreaktion verlangsamt oder auch gestoppt wird**, etwa durch Trockenpulver.

Anhang: Baufachliche Mitteilung 02: Baulicher Brandschutz

Ministerium für Heimat, Kommunales, Bau und Gleichstellung des Landes Nordrhein-Westfalen

Die Gebäude werden nach den mit ihnen verbundenen Gefahren eingestuft, um damit den bauaufsichtsbehördlichen Kontrollaufwand in ein angemessenes Verhältnis zu dem mit der Errichtung, der Erweiterung oder der Nutzung eines Gebäudes typischerweise verbundenen Risikopotential zu bringen. **Die Einordnung eines Bauvorhabens in die fünf Gebäudeklassen erfolgt in Nordrhein-Westfalen entsprechend der Merkmale: Gebäudehöhe, Zahl und Größe der Nutzungseinheiten, freistehend, unterirdisch.**

Einordnung des Bauvorhabens in die Gebäudeklasse (GKL) nach § 2 Absatz 3 BauO NRW 2018

Kriterium	Gebäudeklasse (GKL)				
	1	2	3	4	5
Höhe[1]	max. 7 Meter	max. 7 Meter	max. 7 Meter	max. 13 Meter	
Anzahl der Nutzungseinheiten (NE)[3]	max. 2 NE	max. 2 NE			
Größe der Nutzungseinheiten[1]	max. insgesamt 400 m² Brutto-Grundfläche nach DIN 277[2] (in Summe, ohne Kellergeschosse)	max. insgesamt 400 m² Brutto-Grundfläche nach DIN 277[2] (in Summe, ohne Kellergeschosse)		max. 400 m² je NE	
Bemerkung	freistehende Gebäude, freistehende land- oder forstwirtschaftlich genutzte Gebäude und Gebäude vergleichbarer Nutzung				alle Übrigen, auch unterirdische Gebäude

Definitionen:

1 Höhe, Flächen:

- Höhe ist das Maß der Fußbodenoberkante des höchstgelegenen Geschosses, in dem ein Aufenthaltsraum möglich ist, über der Geländeoberfläche im Mittel (§ 2 Absatz 3 Satz 2 BauO NRW 2018).
    - Geländeoberfläche ist die Fläche, die sich aus der Baugenehmigung oder den Festsetzungen des Bebauungsplans ergibt, im Übrigen die natürliche Geländeoberfläche (§ 2 Absatz 4 BauO NRW 2018).
- Die Grundflächen der Nutzungseinheiten sind die Brutto-Grundflächen. Bei der Berechnung der Brutto-Grundflächen bleiben Flächen in Kellergeschossen außer Betracht (§ 2 Absatz 3 Sätze 3 und 4 BauO NRW 2018).

2 DIN 277 DIN 277-1:2016:01

3 Nutzungseinheit

Das Vorliegen einer „Nutzungseinheit" ist ein Zuordnungskriterium für die Gebäudeklassifizierung, an das in der BauO NRW 2018 Rechtsfolgen geknüpft sind.

Der Begriff der Nutzungseinheit setzt eine Selbständigkeit und einen Nutzungszusammenhang der Räumlichkeiten voraus. Schwarzer/König (Schwarzer/König BayBO Art. 2 Rn. 23 f.) beschreiben die Nutzungseinheit als „abgeschlossene Folge von Aufenthaltsräumen einschließlich der Einheit zugeordneter Nebenräume" (im Anschluss daran ebenso VGH München 15 CS 13.1445, Beschluss vom 23.12.2013).

- Schiebeelemente zur Abtrennung von Räumen unterschiedlicher Nutzung sind nach der gesetzlichen Zwecksetzung nicht geeignet, eine Trennung zwischen selbständigen Nutzungseinheiten herzustellen (im Er- gebnis ebenso bezüglich der Trennung zwischen Wettbüro und Sportbar OVG Münster 10 A 1018/13, Beschluss vom 28.04.2014).

Die Anknüpfung an den Aufenthaltsraum in der Begriffsbestimmung des § 2 Absatz 3 Satz 2 BauO NRW 2018 wirkt sich lediglich auf die Bestimmung der Gebäudehöhe aus. Da die Bestimmung an dem Vorhandensein eines höchstgelegenen Geschosses anknüpft, stellt § 2 Absatz 5 Satz 2 BauO NRW 2018 klar, dass Hohlräume zwischen der obersten Decke und der Bedachung, in denen Aufenthaltsräume nicht möglich sind, keine Geschosse sind.

Die Einordnung in die Gebäudeklasse ist nutzungsneutral, ausgenommen sind land- und forstwirtschaftlich genutzte Gebäude und Gebäude vergleichbarer Nutzung. Die Einordnung bestimmt die materiellen Anforderungen an Wände, Decken, Dächer, Rettungswege und zum Teil die Behandlung der bautechnischen Nachweise im Verfahren.

Hinweis:

Für **Hochhäuser** ist ergänzend zur Bauordnung des Landes Nordrhein-Westfalen (BauO NRW 2018) der Teil 4 der Sonderbauverordnung, der für den Bau und den Betrieb von Hochhäusern besondere Anforderungen und Erleichterungen regelt, zu beachten. **Entsprechendes gilt für alle übrigen in der Sonderbauverordnung aufgeführten Sonderbauten.**

Materielle Anforderungen an Gebäude

Allgemeiner Grundsatz:

Gemäß § 26 Absatz 1 Satz 2 BauO NRW 2018 gilt das Verwendungsverbot leichtentflammbarer **Baustoffe**; es sei denn, sie sind in Verbindung mit anderen Baustoffen nicht leichtentflammbar. Für Bauteile gelten folgende Baustoffanforderungen (siehe Tabelle), soweit in der BauO NRW 2018 nichts anderes bestimmt ist.

Definitionen:

Baustoffe sowie Bauteile sind Bauprodukte gemäß § 2 Absatz 11 BauO NRW 2018. Sie werden hergestellt, um dauerhaft in bauliche Anlagen eingebaut zu werden.

Bei der Auswahl und Verwendung von Bauprodukten ist in öffentlich-rechtlicher Hinsicht zu beachten, dass die Bauordnung zwischen solchen unterscheidet, die

a) nach der europäischen Bauproduktenverordnung mit einer Leistungserklärung und einer CE-Kennzeichnung vermarktet werden oder

b) die der europäischen Bauproduktenregelung nicht unterliegen und für die Technische Baubestimmungen, allgemein anerkannte Regeln der Technik oder Verwendbarkeitsnachweise (Ü-Zeichen) gelten.

Ein **Bauprodukt (Nummer 1)**, das die CE-Kennzeichnung trägt, darf dann verwendet werden, wenn die in der Leistungserklärung angegebenen Leistungen den Anforderungen der Bauordnung genügen. So muss zum Beispiel für das Brandverhalten eine Klasse in der Leistungserklärung angegeben sein, die mindestens der Normalentflammbarkeit zugeordnet werden kann. Ein **Bauprodukt (Nummer 2)**, das ein Ü-Zeichen auf der Grundlage einer Technischen Baubestimmung oder eines Verwendbarkeitsnachweises trägt, darf dann verwendet werden, wenn die Eigenschaften des Baupro-duktes den Anforderungen der Bauordnung genügen. Beim Brandverhalten muss also auch hier mindestens die Normalentflammbarkeit durch das Ü-Zeichen erklärt sein.

- ***Feuerbeständige Bauteile (fb – F90-AB bzw. R90/REI90/EI90):***

Tragende und aussteifende Bauteile müssen aus nichtbrennbaren Baustoffen bestehen. Raumschließende Bauteile müssen zusätzlich eine in Bauteilebene durchgehende Schicht aus nichtbrennbaren Baustoffen haben (§ 26 Absatz 2 Satz 3 Nummer 2, Satz 4 Halbsatz 1).

Feuerwiderstandsdauer 90 Minuten

- ***Hochfeuerhemmende Bauteile (hfh– R60/ REI60/ EI60; keine DIN-Kurzbezeichnungen für tragende Bauteile aus Holz):***

Tragende und aussteifende Bauteile dürfen aus brennbaren Baustoffen bestehen. Sie müssen allseitig eine brandschutz- technisch wirksame Bekleidung aus nichtbrennbaren Baustoffen (Brandschutzbekleidung) und Dämmstoffe aus nichtbrennbaren Baustoffen haben (§ 26 Absatz 2 Satz 3 Nummer 3, Satz 4 Halbsatz 2).

Legende für die nachfolgenden Tabellen über die Mindestanforderungen in den Gebäudeklassen

fb	feuerbeständige Bauteile
hfh	hochfeuerhemmende Bauteile
fh	feuerhemmende Bauteile
m	widerstandsfähig gegen mechanische Beanspruchung
d	dichtschließend
ds	dicht- und selbstschließend
rs	rauchdicht und selbstschließend
ia	von innen nach außen
ai	von außen nach innen
nb	nichtbrennbar
se	schwerentflammbar
d0	Nicht brennend abtropfend
V	Vorkehrungen gegen Brandausbreitung

Feuerwiderstandsdauer: 60 Minuten

- ***Feuerhemmende Bauteile (fh – F30 bzw. R30/REI30/EI30):*** Alle Teile sind brennbar zulässig (§ 26 Absatz 2 Satz 3 Nummer 4).

Feuerwiderstandsdauer: 30 Minuten

Tabelle: Mindestanforderungen in den Gebäudeklassen

Artikel	Bauteile	Mindestanforderungen in den Gebäudeklassen				
		1	2	3	4	5
§ 27	Tragende Wände, Stützen					
Absatz 1	tragende und aussteifende Wände und Stützen	keine Anforderungen	fh	fh	hfh	fb
Absatz 1	im Dachgeschoss, wenn darüber noch Aufenthaltsräume möglich sind	keine Anforderungen	fh	fh	hfh	fb
Absatz 1	in der obersten Dachgeschossebene, über der keine weiteren Aufenthaltsräume möglich sind (§ 29 Absatz 4 bleibt unberührt)	keine Anforderungen	keine Anforderungen	keine Anforderungen	keine Anforderungen	keine Anforderungen
Absatz 1	Balkone und Altane	keine Anforderungen	keine Anforderungen	keine Anforderungen	keine Anforderungen	keine Anforderungen
Absatz 1	offene Gänge, die als notwendige Flure dienen	keine Anforderungen	fh	fh	hfh	fb
Absatz 2	im Kellergeschoss	fh	fh	fb	[illegible]	fb

Artikel	Bauteile	Mindestanforderungen in den Gebäudeklassen				
		1	2	3	4	5
§ 28	**Außenwände**					
Absatz 2	**nichttragende Außenwände und nichttragende Teile tragender Außenwände**	keine Anforderungen	keine Anforderungen	keine Anforderungen	nb[1] oder als raumabschließendes Bauteil (brennbar) fh[1]	
Absatz 3	**Oberflächen von Außenwänden, Außenwandbekleidungen, Balkonbekleidungen und Solaranlagen gemäß § 28 Absatz 3 Satz 3**	keine Anforderungen	keine Anforderungen	keine Anforderungen	se[2] und d0	
Absatz 4	**Doppelfassaden**	keine Anforderungen	keine Anforderungen	Vorkehrungen bei geschossübergreifenden Hohl- und Lufträumen (nur GKL 3 bis 5; siehe § 28 Absatz 5 BauO NRW 2018)		

1 Diese Anforderung gilt nicht für Türen und Fenster, Fugendichtungen und brennbare Dämmstoffe in nichtbrennbaren geschlossenen, linien- oder stabförmigen Profilen der Außenwandkonstruktionen (§ 28 Absatz 2 Satz 2 BauO NRW 2018).

2 Unterkonstruktionen aus normalentflammbaren Baustoffen sind zulässig, sofern dem Schutzziel nach § 28 Absatz 1 BauO NRW 2018 (ausreichend lange Begrenzung einer Brandausbreitung) entsprochen wird (§ 28 Absatz 3 Satz 2 BauO NRW 2018)

Artikel	Bauteile	Mindestanforderungen in den Gebäudeklassen				
		1	2	3	4	5
Absatz 4	Außenwandkonstruktionen mit geschossübergreifenden Hohl- oder Lufträumen wie hinterlüftete Außenwandbekleidungen	keine Anforderungen	keine Anforderungen	keine Anforderungen	Vorkehrungen bei geschossübergreifenden Hohl- und Lufträumen (nur GKL 4 und 5; siehe § 28 Absatz 5 BauO NRW 2018)	

Artikel	Bauteile	Mindestanforderungen in den Gebäudeklassen				
		1	2	3	4	5
§ 29	Trennwände					
Absatz 2 Absatz3	Trennwände zwischen Nutzungseinheiten sowie zwischen Nutzungseinheiten und anders genutzten Räumen, ausgenommen notwendige Flure sowie zwischen Aufenthaltsräumen und anders genutzten Räumen im Kellergeschoss	fh nicht bei Wohngebäuden		fh	hfh	fb
	Trennwände zum Abschluss von Räumen mit Explosions- oder erhöhter Brandgefahr	fb nicht bei Wohngebäuden		fb	fb	fb
	Trennwände zwischen Aufenthaltsräumen und Wohnungen einschließlich ihrer Zugänge und nicht ausgebauten Räume im Dachraum	fh nicht bei Wohngebäuden	fh nicht bei Wohngebäuden	fh	fh	fh
Absatz 4	Decken in Dachräumen, sofern Trennwände nur bis zu dieser, nicht aber bis unter die Dachhaut geführt wird	fh nicht bei Wohngebäuden		fh	fh	fh

Artikel	Bauteile	Mindestanforderungen in den Gebäudeklassen				
		1	2	3	4	5
§ 29	Trennwände (nicht bei Wohngebäuden der GKL 1 und 2 gemäß § 29 Absatz 5 BauO NRW 2018 - Fortsetzung)					
Absatz 5	**wegen der Nutzung erforderliche Öffnungen in Trennwänden nach Absatz 2**	fh und ds **nicht bei Wohngebäuden**		fh und ds	fh und ds	fh und ds

Artikel	Bauteile	Mindestanforderungen in den Gebäudeklassen				
		1	2	3	4	5
§ 30	Brandwände					
Absatz 1 **Absatz 7**	**Allgemeine Anforderungen**	Brandwände sind raumabschließende Bauteile. Sie dienen zum Abschluss von Gebäuden (Gebäudeabschlusswand) oder zur Unterteilung von Gebäuden in Brandabschnitte (innere Brandwand) und müssen ausreichend lang die Brandausbreitung auf andere Gebäude oder Brandabschnitte verhindern. Bauteile mit brennbaren Baustoffen dürfen über Brandwände nicht hinweggeführt werden.				
Absatz 2	**Gebäudeabschlusswand:** ▪ **Allgemeine Anforderungen** ▪ **Gemeinsame Brandwände**	1. zum Abschluss von Gebäuden, wenn diese Abschlusswände an oder mit einem Abstand bis zu 2,50 m gegenüber der Nachbargrenze errichtet werden, es sei denn, dass ein Abstand von mindestens 5 m zu bestehenden oder nach den baurechtlichen Vorschriften zulässigen künftigen Gebäuden gesichert ist. Das gilt nicht für Gebäude ohne Aufenthaltsräume und ohne Feuerstätten mit nicht mehr als 50 m³ Brutto-Rauminhalt. 2. zwischen Wohngebäuden und angebauten landwirtschaftlich oder vergleichbar genutzten Gebäuden (§ 30 Absatz 2 Satz 1 Nummer 4 BauO NRW 2018). 3. eine Gebäudeabschlusswand ist nicht erforderlich bei Seitenwänden von Vorbauten, wenn sie vom Nachbargebäude/Nachbargrenze einen Abstand einhalten, der ihrer eigenen Ausladung entspricht (mindestens jedoch 1 m) sowie für Terrassenüberdachungen, Balkone und Altane (§ 30 Absatz 10 BauO NRW 2018). ▪ Gemeinsame Brandwände sind zulässig (§ 30 Absatz 2 Satz 2 BauO NRW 2018).				

Artikel	Bauteile	Mindestanforderungen in den Gebäudeklassen				
		1	2	3	4	5
§ 30	Brandwände (Forsetzung)					
Absatz 2	Innere Brandwand: ▪ Allgemeine Anforderungen ▪ Gemeinsame Brand- wände	1. zur Unterteilung ausgedehnter Gebäude in Abständen von nicht mehr 40 m. 2. zur Unterteilung landwirtschaftlich oder vergleichbar genutzter Gebäude in Brandabschnitte von nicht mehr als 10.000 m³ Brutto- Rauminhalt. 3. zwischen dem Wohnteil und dem landwirtschaftlich oder vergleichbar genutzten Teil eines Gebäudes. ▪ Gemeinsame Brandwände sind zulässig: Größere Abstände sind in den Fällen der Nummer 1 und 2 zulässig, wenn die Nutzung des Gebäudes es erfordert und keine Bedenken des Brandschutzes bestehen.				
Absatz 3	Gebäudeabschlusswände: Ausführung	Bei GKL 1 – bis 3 anstelle von Brandwänden zulässig			Bei GKL 4 anstelle von Brandwänden zulässig:	
		hfh			▪ hfh ▪ und m	▪ fb ▪ und m ▪ und nb Baustoffe
		oder ia die Feuerwiderstandsfähigkeit der tragenden und aussteifen- den Teile des Gebäudes, mindestens jedoch fh und				
		ai die Feuerwiderstandsfähigkeit fb				

Artikel	Bauteile	Mindestanforderungen in den Gebäudeklassen				
		1	2	3	4	5
§ 30	Brandwände (Forsetzung)					
Absatz 3	Innere Brandwände: Ausführung	Bei GKL 1 – bis 3 anstelle von Brandwänden zulässig hfh	hfh	hfh	Bei GKL 4 anstelle von Brandwänden zulässig: ▪ hfh ▪ und m	▪ fb ▪ und m ▪ und nb
Absatz 3	Gebäudeabschlusswände zwischen Wohngebäude und angebauten landwirtschaftlich oder vergleichbar genutzten Gebäudeteil ≤ 2.000 m³	fh	fh	fh	fh	fh

Artikel	Bauteile	Mindestanforderungen in den Gebäudeklassen				
		1	2	3	4	5
§ 30	**Brandwände (Forsetzung)**					
Absatz 4	**versetzt angeordnete innere Brandwände**	Anstelle durchgehender und in allen Geschossen übereinander angeordneter Brandwände dürfen – unter Beachtung der nachfolgenden Bedingungen – Wände geschossweise versetzt angeordnet werden, wenn 1. die Wände nichtbrennbar und unter zusätzlicher mechanischer Beanspruchung feuerbeständig sind, 2. die anschließenden Decken feuerbeständig sind, aus nichtbrennbaren Baustoffen bestehen und keine Öffnungen haben, 3. die tragenden und aussteifenden Bauteile unter diesen Wänden feuerbeständig sind und aus nichtbrennbaren Baustoffen bestehen, 4. die Außenwände in der Breite des Versatzes in dem Geschoss oberhalb oder unterhalb des Versatzes feuerbeständig sind und 5. Öffnungen in den Außenwänden im Bereich des Versatzes so angeordnet oder andere Vorkehrungen so getroffen sind, dass eine Brandausbreitung in andere Brandabschnitte nicht zu befürchten ist.				
Absatz 5	**Ausführungen im Dachbereich**	▪ Brandwände sind mindestens bis unter die Dachhaut zu führen (§ 30 Absatz 5 Satz 3 BauO NRW 2018) ▪ Verbleibende Hohlräume sind vollständig mit nichtbrennbaren Baustoffen auszufüllen (§ 30 Absatz 5 Satz 4 BauO NRW 2018).			▪ Brandwände sind 0,30 m über die Bedachung zu führen oder in Höhe der Dachhaut mit einer beiderseits 0,50 m auskragenden feuerbeständigen Platte aus nichtbrennbaren Baustoffen abzuschließen. ▪ Darüber dürfen brennbare Teile des Dachs nicht hinweggeführt werden.	

Artikel	Bauteile	Mindestanforderungen in den Gebäudeklassen				
		1	2	3	4	5
§ 30	Brandwände (Fortsetzung)					
Absatz 6	Brandwand im Eckbereich „einspringender Winkel"	Müssen Gebäude oder Gebäudeteile, die über Eck zusammenstoßen, durch eine Brandwand getrennt werden, so muss der Abstand dieser Wand von der inneren Ecke mindestens 3 m betragen; das gilt nicht, wenn der Winkel der inneren Ecke mehr als 120 Grad beträgt oder mindestens eine Außenwand auf 5 m Länge als öffnungslose feuerbeständige Wand aus nichtbrennbaren Baustoffen, bei Gebäuden der Gebäudeklassen 1 bis 4 als öffnungslose hochfeuerhemmende Wand ausgebildet ist.				
Absatz 8 Absatz 11	Öffnungen in inneren Brandwänden bzw. Wänden anstelle von Brandwänden (Beschränkung auf die für die Nutzung erforderliche Zahl und Größe)	hfh, ds	hfh, ds	hfh, ds	hfh, ds	fb, ds
Absatz 9 Absatz 11	Verglasungen in inneren Brandwänden bzw. Wänden anstelle von Brandwänden (Beschränkung auf die für die Nutzung erforderliche Zahl und Größe)	hfh	hfh	hfh	hfh	fb
Absatz 11	Öffnungen in inneren, hochfeuerhemmenden Wänden anstelle von Brandwänden (Absatz 3)	hfh , ds	hfh , ds	hfh , ds	hfh , ds	nicht erlaubt!

Artikel	Bauteile	Mindestanforderungen in den Gebäudeklassen				
		1	2	3	4	5
Absatz 11	Verglasungen in inneren, hochfeuerhemmenden Wänden anstelle von Brandwänden (Absatz 3)	hfh	hfh	hfh	hfh	nicht erlaubt!

Artikel	Bauteile	Mindestanforderungen in den Gebäudeklassen				
		1	2	3	4	5
§ 31	Decken					
Absatz 1	Decken sowie Decken von offenen Gänge, die als notwendige Flure dienen	keine Anforderungen	fh	fh	hfh	fb
Absatz 1	Decken im Dachgeschoss, wenn darüber keine Aufenthaltsräume möglich sind	keine Anforderungen	keine Anforderungen	keine Anforderungen	keine Anforderungen	keine Anforderungen
Absatz 1	Decken im Dachgeschoss, wenn darüber Aufenthaltsräume möglich sind	keine Anforderungen	fh	fh	hfh	fb
Absatz 1	Balkone und Altane	keine Anforderungen	keine Anforderungen	keine Anforderungen	keine Anforderungen	keine Anforderungen
Absatz 2	Decken im Kellergeschoss	fh	fh	fb	fb	fb
Absatz 2	Decken unter und über Räumen Explosions- oder erhöhter Brandgefahr	fb nicht bei Wohngebäuden		fb	fb	fb

Artikel	Bauteile	Mindestanforderungen in den Gebäudeklassen				
		1	2	3	4	5
§ 31	**Decken (Fortsetzung)**					
Absatz 2	**Decken zwischen dem landwirtschaftlich oder vergleichbar genutzten Teil und dem Wohnteil eines Gebäudes**	fb	fb	fb	fb	fb
Absatz 4	**Öffnungen in feuerwiderstandsfähigen Decken**	Ungesicherte Öffnungen sind zulässig.		▪ Ungesicherte Öffnungen sind zulässig innerhalb derselben Nutzungseinheit mit insgesamt nicht mehr als 400 m² in nicht mehr als zwei Geschossen. ▪ Abschlüsse mit der Feuerwiderstandsfähigkeit der Decke sind zulässig, wenn sie auf die für die Nutzung erforderliche Zahl und Größe beschränkt sind.		

Artikel	Bauteile	Mindestanforderungen in den Gebäudeklassen				
		1	2	3	4	5
§ 32	Dächer					
Absatz 1 **Absatz 5**	**Allgemeine Anforderungen (harte Bedachung)**	▪ Bedachungen müssen gegen eine Brandbeanspruchung von außen durch Flugfeuer und strahlende Wärme ausreichend lang widerstandsfähig sein (harte Bedachung). ▪ Dachüberstände, Dachgesimse, Zwerchhäuser und Dachaufbauten, lichtdurchlässige Bedachungen, Dachflächenfenster, Lichtkuppeln, Oberlichte und Solaranlagen sind so anzuordnen und herzustellen, dass Feuer nicht auf andere Gebäudeteile und Nachbargrundstücke übertragen werden kann (§ 32 Absatz 5 Satz 1 BauO NRW 2018).				
Absatz 2	**„Weiche Bedachung"**	Zulässig, wenn die Gebäude 1. einen Abstand von der Grundstücksgrenze von mindestens 12 m, 2. von Gebäuden auf demselben Grundstück mit harter Bedachung einen Abstand von mindestens 15 m, 3. von Gebäuden auf demselben Grundstück mit Bedachungen, die die Anforderungen nach Absatz 1 nicht erfüllen, einen Abstand von mindestens 24 m oder 4. von Gebäuden auf demselben Grundstück ohne Aufenthaltsräume und ohne Feuerstätten mit nicht mehr als 50 m³ Brutto-Rauminhalt einen Abstand von mindestens 5 m einhalten.			nicht zulässig	nicht zulässig

Artikel	Bauteile	Mindestanforderungen in den Gebäudeklassen				
		1	2	3	4	5
§ 32	**Dächer (Fortsetzung)**					
Absatz 2	**Abweichende Abstände: „weiche Bedachung" bei Wohngebäuden**	Bei Wohngebäuden der GKL 1 und 2 genügt abweichend: 1. ein Abstand von der Grundstücksgrenze von mindestens 6 Metern, 2. von Gebäuden auf demselben Grundstück mit harter Bedachung von mindestens 9 Metern und 3. von Gebäuden auf demselben Grundstück mit weichen Bedachungen von mindestens 12 Metern.		Abweichung nicht zulässig	Abweichung nicht zulässig	Abweichung nicht zulässig
Absatz 3	**Gebäude ohne harte oder weiche Bedachung**	Generell zulässig 1. bei Gebäuden ohne Aufenthaltsräume und ohne Feuerstätten mit nicht mehr als 50 m³ Brutto-Rauminhalt, 2. sind lichtdurchlässige Bedachungen aus nichtbrennbaren Baustoffen; brennbare Fugendichtungen und brennbare Dämmstoffe in nichtbrennbaren Profilen, 3. sind Dachflächenfenster, Oberlichte und Lichtkuppeln von Wohngebäuden, 4. sind Eingangsüberdachungen und Vordächer aus nichtbrennbaren Baustoffen und 5. sind Eingangsüberdachungen aus brennbaren Baustoffen, wenn die Eingänge nur zu Wohnungen führen.				

Artikel	Bauteile	Mindestanforderungen in den Gebäudeklassen				
		1	2	3	4	5
§ 32	Dächer (Fortsetzung)					
Absatz 4	**Lichtdurchlässige Teilflächen und Gründächer**	1. Lichtdurchlässige Teilflächen aus brennbaren Baustoffen in harten Bedachungen und 2. begrünte Bedachungen sind zulässig, wenn eine Brandentstehung bei einer Brandbeanspruchung von außen durch Flugfeuer und strahlende Wärme nicht zu befürchten ist oder Vorkehrungen hiergegen getroffen werden.				
Absatz 5	**Abstand von Öffnungen im Dach zu Brandwänden**	Von der Außenfläche von Brandwänden, von Wänden, die anstelle von Brandwänden zulässig sind, und von der Mittellinie gemeinsamer Brandwände müssen 1. mindestens 1,25 m entfernt sein a) Dachflächenfenster, Oberlichte, Lichtkuppeln und Öffnungen in der Bedachung, wenn diese Wände nicht mindestens 0,30 m über die Bedachung geführt sind und b) Photovoltaikanlagen, Zwerchhäuser, Dachgauben und ähnliche Dachaufbauten aus brennbaren Baustoffen, wenn sie nicht durch diese Wände gegen Brandübertragung geschützt sind, und 2. mindestens 0,50 m entfernt sein a) Photovoltaikanlagen, deren Außenseiten und Unterkonstruktion aus nichtbrennbaren Baustoffen bestehen und b) Solarthermieanlagen.				

Artikel	Bauteile	Mindestanforderungen in den Gebäudeklassen				
		1	2	3	4	5
§ 32	Dächer					
Absatz 6	**Dächer von traufseitig aneinander gebauten Gebäuden**	Dächer müssen als raumabschließende Bauteile von innen nach außen feuerhemmend sein (einschließlich der sie tragenden und aussteifenden Bauteile). Öffnungen in diesen Dachflächen müssen waagrecht gemessen mindestens 2 m von der Brandwand oder der Wand, die an Stelle der Brandwand zulässig ist, entfernt sein.				
Absatz 7	**Anforderungen an Dächer von Anbauten**	**Für Wohngebäude der GKL 1 bis 3: Keine.**			**Dächer von Anbauten**, die an Außenwände mit Öffnungen oder ohne Feuerwiderstandsfähigkeit anschließen, müssen innerhalb eines Abstands von 5 m von diesen Wänden als raumabschließende Bauteile für eine Brandbeanspruchung von innen nach außen einschließlich der sie tragenden und aussteifenden Bauteile die Feuerwiderstandsfähigkeit der Decken des Gebäudeteils haben, an den sie angebaut werden.	

Artikel	Bauteile	Mindestanforderungen in den Gebäudeklassen				
		1	2	3	4	5
§ 33	Erster und zweiter Rettungsweg					
Absatz 1		Für Nutzungseinheiten mit mindestens einem Aufenthaltsraum wie Wohnungen, Praxen, selbstständige Betriebsstätten müssen in jedem Geschoss mindestens zwei voneinander unabhängige Rettungswege ins Freie vorhanden sein. Beide Rettungswege dürfen jedoch innerhalb des Geschosses über denselben notwendigen Flur führen.				
Absatz 2		Für Nutzungseinheiten nach Absatz 1, die nicht zur ebener Erde liegen, muss der erste Rettungsweg über eine notwendige Treppe führen. Der zweite Rettungsweg kann eine weitere notwendige Treppe oder eine mit Rettungsgeräten der Feuerwehr erreichbare Stelle der Nutzungseinheit sein. Der zweite Rettungsweg über Rettungsgeräte der Feuerwehr ist nur zulässig, wenn keine Bedenken wegen der Personenrettung bestehen. Ein zweiter Rettungsweg ist nicht erforderlich, 1. wenn die Rettung über einen sicher erreichbaren Treppenraum möglich ist, in den Feuer und Rauch nicht eindringen können (Sicherheitstreppenraum) oder 2. für zu ebener Erde liegende Räume, die einen unmittelbaren Ausgang ins Freie haben, der von jeder Stelle des Raumes in höchstens 15 m Entfernung erreichbar ist.				
Absatz 3		Gebäude, deren zweiter Rettungsweg über Rettungsgeräte der Feuerwehr führt und bei denen die Oberkante der Brüstung von zum Anleitern bestimmten Fenstern oder Stellen mehr als 8 m über der Geländeoberfläche liegt, dürfen nur errichtet werden, wenn die Feuerwehr über die erforderlichen Rettungsgeräte wie Hubrettungsfahrzeuge verfügt.				

Artikel	Bauteile	Mindestanforderungen in den Gebäudeklassen				
		1	2	3	4	5
§ 34	Treppen[3]					
Absatz 2	**Einschiebbare Treppen und Leitern[3]**	sind als Zugang zu einem Dachraum ohne Aufenthaltsraum zulässig.		nicht zulässig	nicht zulässig	nicht zulässig
Absatz 3	**Notwendige Treppen: Treppenführung**	keine Anforderungen	keine Anforderungen	keine Anforderungen	▪ Notwendige Treppen sind in einem Zuge zu allen angeschlossenen Geschossen zu führen.[4] ▪ Sie müssen mit den Treppen zum Dachraum unmittelbar verbunden sein.[4]	
Absatz 4	**Treppen, tragende Teile**	keine Anforderungen	keine Anforderungen	nb oder fh [5]	nb[5]	nb und fh [5]
Absatz 4	**Außentreppen, tragende Teile**	keine Anforderungen	keine Anforderungen	nb	nb	nb

3 Statt notwendiger Treppen sind gemäß § 34 Absatz 1 Satz 2 BauO NRW 2018 sind Rampen mit flacher Neigung (max. 6 Grad / 10 %) zulässig.

4 Das gilt nicht für die Verbindung von höchstens zwei Geschossen innerhalb derselben Nutzungseinheit von insgesamt nicht mehr als 200 m^2, wenn in jedem Geschoss ein anderer Rettungsweg erreicht werden kann (siehe § 35 Absatz 1 Satz 3 Nummer 2 BauO NRW 2018).

5 Gilt nicht für Treppen innerhalb von Wohnungen (siehe § 34 Absatz 8 BauO

Artikel	Bauteile	Mindestanforderungen in den Gebäudeklassen				
		1	2	3	4	5
§ 35	Notwendige Treppenräume, Ausgänge					
Absatz 1	**notwendiger Treppenraum**	Notwendige Treppe ohne Treppenraum zulässig		Notwendig Treppen sind ohne eigenen Treppenraum zulässig 1. für die Verbindung von höchstens zwei Geschossen innerhalb derselben Nutzungseinheit von insgesamt nicht mehr als 200 m², wenn in jedem Geschoss ein anderer Rettungsweg erreicht werden kann, 2. als Außentreppe, wenn ihre Nutzung ausreichend sicher ist und im Brandfall nicht gefährdet werden kann.		
Absatz 2	**Ausgänge in einen notwendigen Treppenraum oder ins Freie**	▪ Von jeder Stelle eines Aufenthaltsraumes sowie eines Kellergeschosses muss mindestens ein Ausgang in einen notwendigen Treppenraum oder ins Freie in höchstens 35 m Entfernung erreichbar sein. ▪ Übereinanderliegende Kellergeschosse müssen jeweils mindestens zwei Ausgänge in notwendige Treppenräume oder ins Freie haben. ▪ Sind mehrere notwendige Treppenräume erforderlich, müssen sie so verteilt sein, dass sie möglichst entgegengesetzt liegen und dass die Rettungswege möglichst kurz sind.				

Artikel	Bauteile	Mindestanforderungen in den Gebäudeklassen				
		1	2	3	4	5
§ 35	Notwendige Treppenräume, Ausgänge (Fortsetzung)					
Absatz 3	**Ausgang von einem notwendigen Treppenraum in das Freie**	▪ Jeder notwendige Treppenraum muss einen unmittelbaren Ausgang ins Freie haben. ▪ Sofern der Ausgang eines notwendigen Treppenraumes nicht unmittelbar ins Freie führt, muss der Raum zwischen dem notwendigen Treppenraum und dem Ausgang ins Freie 1. mindestens so breit sein wie die dazugehörigen Treppenläufe, 2. Wände haben, die die Anforderungen an die Wände des Treppenraumes erfüllen, 3. rauchdichte und selbstschließende Abschlüsse zu notwendigen Fluren haben und 4. ohne Öffnungen zu anderen Räumen, ausgenommen zu notwendigen Fluren, sein.				
Absatz 4	**Treppenraumwände**	keine Anforderungen	keine Anforderungen	fh	hfh m	fb m
				Dies ist nicht erforderlich für Außenwände von Treppenräumen, die aus nichtbrennbaren Baustoffen bestehen und durch andere an diese Außenwände anschließende Gebäudeteile im Brandfall nicht gefährdet werden können.		

Artikel	Bauteile	Mindestanforderungen in den Gebäudeklassen				
		1	2	3	4	5
§ 35	Notwendige Treppenräume, Ausgänge (Fortsetzung)					
Absatz 4	oberer Abschluss	keine Anforderungen	keine Anforderungen	fh	hfh	fb
				Das gilt nicht, wenn der obere Abschluss das Dach ist und die Treppenraumwände bis unter die Dachhaut reichen		
Absatz 5	Oberflächen	keine Anforderungen	keine Anforderungen	In notwendigen Treppenräumen und in Räumen nach § 35 Absatz 3 Satz 2 müssen 1. Bekleidungen, Putze, Dämmstoffe, Unterdecken und Einbauten aus nichtbrennbaren Baustoffen bestehen, 2. Wände und Decken aus brennbaren Baustoffen eine Bekleidung aus nichtbrennbaren Baustoffen in ausreichender Dicke haben und 3. Bodenbeläge, ausgenommen Gleitschutzprofile, aus mindestens schwerentflammbaren Baustoffen bestehen.		
Absatz 6	Öffnungen zu Kellergeschossen, nicht ausgebauten Dachräumen, Werkstätten, Läden, Lager sowie zu sonstigen Räumen und Nutzungseinheiten > 200 m², ausgenommen Wohnungen	keine Anforderungen	keine Anforderungen	fh rs	fh rs	fh rs
Absatz 6	Öffnungen zu notwendigen Fluren	keine Anforderungen	keine Anforderungen	rs	rs	rs

Artikel	Bauteile	Mindestanforderungen in den Gebäudeklassen				
		1	2	3	4	5
§ 35	**Notwendige Treppenräume, Ausgänge (Fortsetzung)**					
Absatz 6	**Öffnungen zu sonstigen Räumen und Nutzungseinheiten**	keine Anforderungen	keine Anforderungen	d	d	d
Absatz 6	**Öffnungen zu Wohnungen**	Keine Anforderungen	Keine Anforderungen	d	d	d
Absatz 6	**Öffnungen, lichtdurchlässige Seitenteile und Oberlichte**	keine Anforderungen	keine Anforderungen	Die Feuerschutz- und Rauchschutzabschlüsse dürfen lichtdurchlässige Seitenteile und Oberlichte enthalten, wenn der Abschluss insgesamt nicht breiter als 2,50 m ist.		
Absatz 7	**Sicherheitsbeleuchtung**	keine Anforderungen	keine Anforderungen	keine Anforderungen	keine Anforderungen	für notwendige Treppenräume ohne Fenster bei einer Gebäudehöhe von mehr als 13 m.

Artikel	Bauteile	Mindestanforderungen in den Gebäudeklassen				
		1	2	3	4	5
§ 35	Notwendige Treppenräume, Ausgänge (Fortsetzung)					
Absatz 8	**Belüftung, Rauchableitung**	keine Anforderungen	keine Anforderungen	**Notwendige Treppenräume müssen belüftet und zur Unterstützung wirksamer Löscharbeiten entraucht werden können.**		
				Die Treppenräume müssen:		
				1. in jedem oberirdischen Geschoss unmittelbar ins Freie führende Fenster mit einem freien Querschnitt von mindestens 0,50 m² haben, die geöffnet werden können, <u>oder</u>		1. in jedem oberirdischen Geschoss unmittelbar ins Freie führende Fenster mit einem freien Querschnitt von mindestens 0,50 m² haben, die geöffnet werden können, <u>und</u>
				2. an der obersten Stelle eine Öffnung zur Rauchableitung haben.		2. an der obersten Stelle eine Öffnung zur Rauchableitung haben.

Artikel	Bauteile	Mindestanforderungen in den Gebäudeklassen				
		1	2	3	4	5
					In den Fällen der **Nummer 2** sind in Gebäuden der **Gebäudeklassen 4 und 5**, soweit dies zur Erfüllung der Anforderungen nach § 35 Absatz 8 Satz 1 BauO NRW 2018 erforderlich ist, besondere Vorkehrungen zu treffen.	
§ 35	**Notwendige Treppenräume, Ausgänge (Fortsetzung)**					
Absatz 8	**Belüftung, Rauchableitung**	keine Anforderungen	keine Anforderungen	▪ Öffnungen zur Rauchableitung nach § 35 Absatz 8 Sätze 2 und 3 BauO NRW 2018 müssen in jedem Treppenraum einen freien Querschnitt von mindestens 1 m² und Vorrichtungen zum Öffnen ihrer Abschlüsse haben, die vom Erdgeschoss sowie vom obersten Treppenabsatz aus geöffnet werden können.		

Artikel	Bauteile	Mindestanforderungen in den Gebäudeklassen				
		1	2	3	4	5
§ 36	Notwendige Flure, offene Gänge					
Absatz 1	**notwendige Flure**	▪ nicht erforderlich in Wohngebäuden ▪ nicht erforderlich in sonstigen Gebäuden, ausgenommen Kellergeschosse		sind nicht erforderlich: 1. innerhalb von Nutzungseinheiten mit nicht mehr als 200 m² und innerhalb von Wohnungen sowie 2. innerhalb von Nutzungseinheiten, die einer Büro- oder Verwaltungsnutzung dienen, mit nicht mehr als 400 m²; das gilt auch für Teile größerer Nutzungseinheiten, wenn diese Teile nicht größer als 400 m² sind, Trennwände nach § 29 Absatz 2 Nummer 1 haben und jeder Teil unabhängig von anderen Teilen Rettungswege nach § 33 Absatz 1 hat.		
Absatz 3	**Unterteilung in Rauchabschnitte**	▪ Unterteilung der notwendigen Flure durch nichtabschließbare, rauchdichte und selbstschließende Abschlüsse von maximal 30 m Länge. ▪ Die Abschlüsse sind bis an die Rohdecke zu führen. Sie dürfen bis an die Unterdecke der Flure geführt werden, wenn die Unterdecke feuerhemmend ist. ▪ Notwendige Flure mit nur einer Fluchtrichtung, die zu einem Sicherheitstreppenraum führen, dürfen nicht länger als 15 m sein.				

Artikel	Bauteile	Mindestanforderungen in den Gebäudeklassen				
		1	2	3	4	5
§ 36	Notwendige Flure, offene Gänge (Fortsetzung)					
Absatz 4 Absatz 5	Flurwände, Laubengänge mit nur einer Fluchtrichtung	keine Anforderungen		fh	fh	fh
				▪ Die Wände sind (auch im Kellergeschoss) bis an die Rohdecke zu führen. ▪ Sie dürfen bis an die Unterdecke der Flure geführt werden, wenn die Unterdecke feuerhemmend und ein feuerhemmender/feuerbeständiger Raumabschluss sichergestellt ist. ▪ Voraussetzung hierfür ist, dass dies durch die Verwendbarkeitsnachweise für Wand und Decke abgedeckt ist.		
Absatz 4	Flurwände in Kellergeschossen	fh nicht bei Wohngebäuden		fb	fb	fb
Absatz 4	Türen in Flurwänden	Türen in diesen Wänden müssen dicht schließen. Öffnungen zu Lagerbereichen im Kellergeschoss müssen feuerhemmende, dicht- und selbstschließende Abschlüsse haben.				
Absatz 6	Bekleidungen, Putze, Unterdecken und Dämmstoffe in Fluren und Laubengängen[5] mit nur einer Fluchtrichtung	keine Anforderungen, in Kellergeschossen sonstiger Gebäude nb		nb	nb	nb
				Wände und Decken aus brennbaren Baustoffen benötigen eine Bekleidung aus nichtbrennbaren Baustoffen in ausreichender Dicke.		
Absatz 6	Fußbodenbeläge in Fluren und Laubengängen[5] mit nur einer Fluchtrichtung	keine Anforderungen in Kellergeschossen sonstiger Gebäude se		se	se	se

5 Gemäß § 36 Absatz 5 BauO NRW 2018 sind Fenster in Außenwänden zu Laubengängen ab einer Brüstungshöhe von 0,90 m zulässig

Artikel	Bauteile	Mindestanforderungen in den Gebäudeklassen				
		1	2	3	4	5
§ 39	Aufzüge					
Absatz 1	**Fahrschacht**	kein Fahrschacht erforderlich	kein Fahrschacht erforderlich	**Aufzüge im Innern von Gebäuden müssen eigene Fahrschächte haben, um eine Brandausbreitung in andere Geschosse ausreichend lang zu verhindern. In einem Fahrschacht dürfen bis zu drei Aufzüge liegen.** **Aufzüge ohne eigene Fahrschächte sind zulässig** 1. innerhalb eines notwendigen Treppenraumes, ausgenommen in Hochhäusern, 2. innerhalb von Räumen, die Geschosse überbrücken, 3. zur Verbindung von Geschossen, die offen miteinander in Verbindung stehen dürfen und		
Absatz 2	**Ausführung der Fahrschachtwände**	-	-	fh Fahrschachtwände aus brennbaren Baustoffen müssen schachtseitig eine Bekleidung aus nichtbrennbaren Baustoffen in ausreichender Dicke haben.	hfh	fb und nb
Absatz 2	**Fahrschachttüren**	-	-	Fahrschachttüren und andere Öffnungen in Fahrschachtwänden mit erforderlicher Feuerwiderstandsfähigkeit sind so herzustellen, dass die Anforderungen nach Absatz 1 nicht beeinträchtigt werden.		

Artikel	Bauteile	Mindestanforderungen in den Gebäudeklassen				
		1	2	3	4	5
§ 39	**Aufzüge (Fortsetzung)**					
Absatz 3	**Rauchableitung bzw. Lüftung des Fahrschachtes**	-	-	Fahrschächte müssen zu lüften sein und eine Öffnung zur Rauchableitung mit einem freien Querschnitt von mindestens 2,5 Prozent der Fahrschachtgrundfläche, mindestens jedoch 0,10 m² haben. Diese Öffnung darf einen Abschluss haben, der im Brandfall selbsttätig öffnet und von mindestens einer geeigneten Stelle aus bedient werden kann. Die Lage der Rauchaustrittsöffnungen muss so gewählt werden, dass der Rauchaustritt durch Windeinfluss nicht beeinträchtigt wird.		
Absatz 4	**Aufzüge bei Gebäuden mit mehr als drei oberirdischen Geschossen**	-	-	-	▪ Aufzüge in ausreichender Zahl, ein Aufzug muss von der öffentlichen Verkehrsfläche und von allen Wohnungen in dem Gebäude aus barrierefrei erreichbar sein. ▪ In Gebäuden mit mehr als fünf oberirdischen Geschossen mindestens ein Aufzug, der Krankentragen, Rollstühle und Lasten aufnehmen kann und mit Halt in jedem Geschoss. ▪ Ausnahme für DG/KG: Haltestellen sind nicht erforderlich, wenn sie Herstellung nur unter besonderen Schwierigkeiten möglich ist. ▪ Ausnahme bei Aufstockung oder Nutzungsänderung:	

Artikel	Bauteile	Mindestanforderungen in den Gebäudeklassen				
		1	2	3	4	5
					Von Aufzugspflicht kann abgesehen werden, wenn Herstellung nur unter besonderen Schwierigkeiten möglich ist.	

Artikel	Bauteile	Mindestanforderungen in den Gebäudeklassen				
		1	2	3	4	5
§ 40	Leitungsanlagen, Installationsschächte und -kanäle					
§ 41	Lüftungsanlagen					
§ 40 Absatz 1	**Leitungsanlagen, Installationsschächte und –kanäle**	Leitungen, Installationsschächte und -kanäle dürfen durch raumabschließende Bauteile, für die eine Feuerwiderstandsfähigkeit vorgeschrieben ist, nur hindurchgeführt werden, wenn eine Brandausbreitung ausreichend lang nicht zu befürchten ist oder Vorkehrungen hiergegen getroffen sind.				
		keine Anforderungen	keine Anforderungen	keine Anforderungen: 1. Innerhalb von Wohnungen 2. innerhalb derselben Nutzungseinheit mit nicht mehr als insgesamt 400 m² in nicht mehr als zwei Geschossen.		
§ 40 Absatz 2	**Leitungsanlagen**	In notwendigen Treppenräumen, in Räumen nach § 35 Absatz 3 Satz 2 und in notwendigen Fluren sind Leitungsanlagen nur zulässig, wenn eine Nutzung als Rettungsweg im Brandfall ausreichend lang möglich ist.				
§ 40 Absatz 3	**Ausführung von Installationsschächten und -kanälen**	keine Anforderungen	keine Anforderungen	Installationsschächte und -kanäle sowie deren Bekleidungen und Dämmstoffe müssen aus nichtbrennbaren Baustoffen bestehen. Brennbare Baustoffe sind zulässig, wenn ein Beitrag der Installationsschächte und -kanäle zur Brandentstehung und Brandweiterleitung nicht zu befürchten ist. Das gilt nicht: 1. innerhalb von Wohnungen und		

Artikel	Bauteile	Mindestanforderungen in den Gebäudeklassen				
		1	2	3	4	5
				2. innerhalb derselben Nutzungseinheit mit nicht mehr als 400 m² in nicht mehr als zwei Geschossen.		
§ 41 Absatz 1	**Lüftungsanlagen**	Lüftungsanlagen müssen betriebssicher sein. Sie dürfen den ordnungsgemäßen Betrieb von Feuerungsanlagen nicht beeinträchtigen.				
§ 41 Absatz 2 Absatz 5	**Ausführung von Lüftungsanlagen**	keine Anforderungen	keine Anforderungen	▪ Lüftungsleitungen sowie deren Bekleidungen und Dämmstoffe müssen aus nichtbrennbaren Baustoffen bestehen. ▪ Brennbare Baustoffe sind zulässig, wenn ein Beitrag der Lüftungsleitung zur Brandentstehung und Brandweiterleitung nicht zu befürchten ist. Lüftungsleitungen dürfen raumabschließende Bauteile, für die eine Feuerwiderstandsfähigkeit vorgeschrieben ist, nur überbrücken, wenn eine Brandausbreitung ausreichend lang nicht zu befürchten ist oder wenn Vorkehrungen hiergegen getroffen sind. ▪ Das gilt nicht: 1. innerhalb von Wohnungen und 2. innerhalb derselben Nutzungseinheit mit nicht mehr als 400 m² in nicht mehr als zwei Geschossen.		

Artikel	Bauteile	Mindestanforderungen in den Gebäudeklassen				
		1	2	3	4	5
§ 42	**Feuerungsanlagen, sonstige Anlagen zur Wärmeerzeugung, Brennstoffversorgung**					
Absatz 1 Absatz 2 Absatz 3 Absatz 4 Absatz 5 Absatz 6	**Feuerungsanlagen, sonstige Anlagen zur Wärmeerzeugung oder Brennstofferzeugung, ortsfeste Verbrennungsmotoren, Blockheizkraftwerke, Brennstoffzellen und Verdichter sowie die Ableitung ihrer Verbrennungsgase**	▪ Feuerstätten und Abgasanlagen (Feuerungsanlagen) sowie Anlagen zur Verteilung von Wärme und zur Wasserversorgung müssen betriebssicher und brandsicher sein. ▪ Feuerungsanlagen für feste Brennstoffe dürfen in einem Abstand von weniger als 100 m zu einem Wald nur errichtet oder betrieben werden, wenn durch geeignete Maßnahmen gewährleistet ist, dass kein Waldbrand entsteht. ▪ Feuerstätten dürfen in Räumen nur aufgestellt werden, wenn nach der Art der Feuerstätte und nach Lage, Größe, baulicher Beschaffenheit und Nutzung der Räume Gefahren nicht entstehen. ▪ Abgase von Feuerstätten sind durch Abgasleitungen, Schornsteine und Verbindungsstücke (Abgasanlagen) so abzuführen, dass keine Gefahren oder unzumutbaren Belästigungen entstehen. Abgasanlagen sind in solcher Zahl und Lage und so herzustellen, dass die Feuerstätten des Gebäudes ordnungsgemäß angeschlossen werden können. Sie müssen leicht und sicher gereinigt werden können. ▪ Behälter und Rohrleitungen für brennbare Gase und Flüssigkeiten müssen betriebssicher und brandsicher sein. Diese Behälter sowie feste Brennstoffe sind so aufzustellen oder zu lagern, dass keine Gefahren oder unzumutbaren Belästigungen entstehen.				
Absatz 8	**Gasfeuerstätten**	▪ Gasfeuerstätten dürfen in Räumen nur aufgestellt werden, wenn durch besondere Vorrichtungen an den Feuerstätten oder durch Lüftungsanlagen sichergestellt ist, dass gefährliche Ansammlungen von unverbranntem Gas in den Räumen nicht entstehen.				

Artikel	Bauteile	Mindestanforderungen in den Gebäudeklassen				
		1	2	3	4	5
§ 42	**Feuerungsanlagen, sonstige Anlagen zur Wärmeerzeugung, Brennstoffversorgung (Fortsetzung)**					
Absatz 7	**Bescheinigung über den ordnungsgemäßen Zustand der Abgasanlage**	▪ Bei der Errichtung oder Änderung von Schornsteinen sowie beim Anschluss von Feuerstätten an Schornsteine oder Abgasleitungen hat die Bauherrschaft sich von der bevollmächtigten Bezirksschornsteinfegermeisterin oder dem bevollmächtigten Bezirksschornsteinfegermeister bescheinigen zu lassen, dass die Abgasanlage sich in einem ordnungsgemäßen Zustand befindet und für die angeschlossenen Feuerstätten geeignet ist. ▪ Bei der Errichtung von Schornsteinen soll vor der Erteilung der Bescheinigung auch der Rohbauzustand besichtigt worden sein. ▪ Verbrennungsmotoren und Blockheizkraftwerke dürfen erst dann in Betrieb genommen werden, wenn sie die Tauglichkeit und sichere Benutzbarkeit der Leitungen zur Abführung von Verbrennungsgasen bescheinigt haben. ▪ Stellt die bevollmächtigte Bezirksschornsteinfegermeisterin oder der bevollmächtigte Bezirksschornsteinfegermeister Mängel fest, hat sie oder er diese Mängel der Bauaufsichtsbehörde mitzuteilen. ▪ Ausnahme: Abgasanlagen, die gemeinsam mit der Feuerstätte in Verkehr gebracht werden und ein gemeinsames CE-Zeichen tragen dürfen.				

Artikel	Bauteile	Mindestanforderungen in den Gebäudeklassen				
		1	2	3	4	5
§ 44	Aufbewahrung fester Abfallstoffe					
Absatz 1	**Aufbewahrung fester Abfallstoffe**	keine Anforderung	keine Anforderung	nur zulässig, wenn die dafür bestimmten Räume 1. unmittelbar vom Freien entleert werden können und 2. eine ständig wirksame Lüftung haben.		
	Öffnungen vom Gebäudeinnern zum Aufstellraum			fh und ds		
	Trennwände und Decken			fh	hfh	fb
Absatz 2	**Abfallschächte**	Vorhandene Abfallschächte dürfen nicht betrieben werden. Der Betrieb von Abfallschächten, die zum Zeitpunkt des Inkrafttretens dieser Vorschrift betrieben werden, kann widerruflich unter der Voraussetzung genehmigt werden, dass der Betreiber den sicheren und störungsfreien Betrieb und eine wirksame Abfalltrennung ständig überwacht und dies dokumentiert. Den Bauaufsichtsbehörden sind diese Aufzeichnungen auf Verlangen vorzulegen.				

Artikel	Bauteile	Mindestanforderungen in den Gebäudeklassen				
		1	2	3	4	5
§ 45	**Blitzschutzanlagen**					
		Bauliche Anlagen, bei denen nach Lage, Bauart oder Nutzung Blitzschlag leicht eintreten oder zu schweren Folgen führen kann, sind mit dauernd wirksamen Blitzschutzanlagen zu versehen.				
		normalerweise nicht erforderlich, außer bei exponierter Lage Ausnahme: Landwirtschaft, wegen brennbarer Baukonstruktion und leichtentzündlicher Stoffe	normalerweise nicht erforderlich, außer bei exponierter Lage	Es ist eine objektbezogene Risikoabschätzung vorzunehmen. Es sind mindestens die Kriterien „Lage", „Bauart", „Nutzung" und mögliche „schwere Folgen" zu beurteilen.		
§ 47	**(Rauchwarnmelder in) Wohnungen**					
Absatz 3	**Rauchwarnmelder**	In Wohnungen müssen Schlafräume und Kinderzimmer sowie Flure, über die Rettungswege von Aufenthaltsräumen führen, jeweils mindestens einen Rauchwarnmelder haben. Dieser muss so eingebaut oder angebracht und betrieben werden, dass Brandrauch frühzeitig erkannt und gemeldet wird. Die Betriebsbereitschaft der Rauchwarnmelder hat die unmittelbare besitzhabende Person sicherzustellen, es sei denn, die Eigentümerin oder der Eigentümer übernimmt diese Verpflichtung selbst.				

Herausgeber

Ministerium für Heimat, Kommunales,

Bau und Gleichstellung

des Landes Nordrhein-Westfalen Jürgensplatz 1, 40219 Düsseldorf
E-Mail: info@mhkbg.nrw.de www.mhkbg.nrw